中国职业技术教育学会科研项目优秀成果

The Excellent Achievements in Scientific Research Project of The Chinese Society Vocational and Technical Education

高等职业教育"双证课程"培养方案规划教材·机电基础课程系列

工程制图与 AutoCAD绘图

高等职业技术教育研究会 审定

刘宏 主编

杜卫平 马晓荣 副主编

Engineering drawing and AutoCAD cartography

人民邮电出版社

北京

图书在版编目（CIP）数据

工程制图与AutoCAD绘图 / 刘宏主编. —北京：人民邮电出版社，2009.5
中国职业技术教育学会科研项目优秀成果. 高等职业教育"双证课程"培养方案规划教材. 机电基础课程系列
ISBN 978-7-115-20558-2

Ⅰ. 工… Ⅱ. 刘… Ⅲ. 工程制图—计算机辅助设计—应用软件，AutoCAD—高等学校：技术学校—教材 Ⅳ. TB237

中国版本图书馆CIP数据核字（2009）第040688号

内 容 提 要

本书以 AutoCAD 2008 绘图软件为平台，介绍 AutoCAD 计算机绘图知识，投影基本知识，组合体视图和轴测图的概念及绘制方法，机件的常用表达方法，常用连接件、零件图、装配图的画法及标注方法等。每章都配有上机练习指导和实例训练，内容翔实，可操作性强。

本书可作为高等职业技术院校近机类和非机类各专业工程制图课程的教学用书，也可供初学者自学使用。

中国职业技术教育学会科研项目优秀成果

高等职业教育"双证课程"培养方案规划教材·机电基础课程系列

工程制图与 AutoCAD 绘图

◆ 审　　定　高等职业技术教育研究会
主　　编　刘　宏
副 主 编　杜卫平　马晓荣
责任编辑　李育民

◆ 人民邮电出版社出版发行　　北京市崇文区夕照寺街 14 号
邮编　100061　　电子函件　315@ptpress.com.cn
网址　http://www.ptpress.com.cn
北京昌平百善印刷厂印刷

◆ 开本：787×1092　1/16
印张：17
字数：419 千字　　　　　　　2009 年 5 月第 1 版
印数：1－3 000 册　　　　　　2009 年 5 月北京第 1 次印刷

ISBN 978-7-115-20558-2/TN

定价：28.00 元
读者服务热线：(010)67170985　印装质量热线：(010)67129223
反盗版热线：(010)67171154

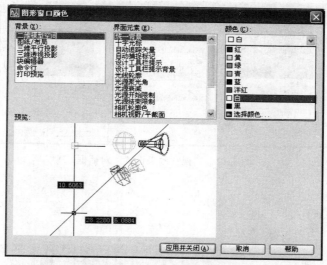

图 1-10　"图形窗口颜色"对话框

选择"背景"列表框中"二维模型空间"和"界面元素"列表框中"同一背景"，单击"颜色"下拉列表，选择自己希望的颜色如"白"色。

1.3.4　设置选择集

在打开"选项"对话框中，单击"选择集"选项卡，如图 1-11 所示。在"选择集"选项卡中可设置"拾取框大小"、"夹点大小"、"选择集模式"等。

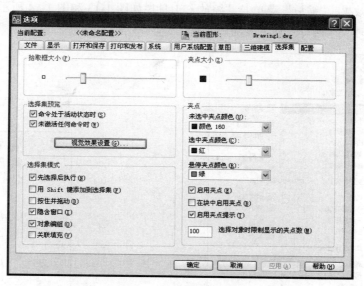

图 1-11　"选择集"选项卡

单击"视觉效果设置"按钮，打开"视觉效果设置"对话框，如图 1-12 所示，可以设置选择与选区预览效果。

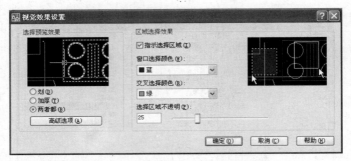

图 1-12　"视觉效果设置"对话框

1.4 显示与图形控制

　　绘制的图形都是在 AutoCAD 的视图窗口中进行的，只有灵活地对图形进行显示与控制，才能更加精确地绘制所需要的图形。对图形显示的控制主要包括实时缩放、窗口缩放和平移操作。

1.4.1　缩 放 图 形

　　通常，在绘制图形的局部细节时，需要使用缩放工具放大该绘图区域，以增加图形对象的屏幕显示尺寸，但对象的真实尺寸保持不变，当绘制完成后，再使用缩放工具缩小图形，从而观察图形的整体效果。"缩放"菜单与"缩放"工具栏如图 1-13 和图 1-14 所示。常用的缩放命令或工具有"实时"、"窗口"和"范围"缩放。

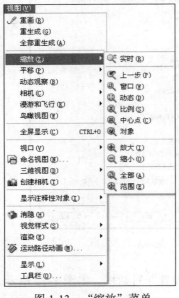

图 1-13　"缩放"菜单

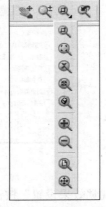

图 1-14　"缩放"工具栏

（1）实时缩放视图。选择"视图"|"缩放"|"实时"命令，或在"标准"工具栏中单击"实时缩放"按钮，进入实时缩放模式，向上拖动光标可放大图形，向下拖动光标可缩小图形，释放鼠标后停止缩放。按 Esc 或 Enter 键退出，也可以单击鼠标右键显示快捷菜单，然后在弹出的快捷菜单中选择"退出"命令。

（2）窗口缩放视图。选择"视图"|"缩放"|"窗口"命令，或在"标准"工具栏中单击"窗口缩放"按钮，可以在屏幕上拾取两个对角点以确定一个矩形窗口，之后系统会将矩形范围内的图形放大至整个屏幕。

（3）范围缩放视图。选择"视图"|"缩放"|"范围"命令，或在"标准"工具栏中单击"范围缩放"按钮，可以显示图形范围并使所有对象最大显示。

默认情况下，三键鼠标的滚动中间键（滚轮）相当于实时缩放，向下滚动缩小（看到的范围更大），向上滚动放大（看到的范围变小），双击中键相当于范围缩放（显示全部图形）。

1.4.2　平　移　图　形

利用平移视图可以重新确定图形在绘图区域中的位置。

选择"视图"|"平移"|"实时"命令（PAN），或者单击"标准"工具栏上的"实时平移"按钮，则鼠标在视图中呈扒手形状，按住鼠标左键进行拖动即可对视图进行平移操作。当需要取消平移操作时，按 Enter 键或者按 Esc 键，也可以单击鼠标右键，然后在弹出的快捷菜单中选择"退出"命令。

默认情况下，按住中键不放移动鼠标相当于平移图形。

1.4.3　使用鸟瞰视图

"鸟瞰视图"是一种导航工具，它提供了一种可视化平移和缩放视图的方法。它在一个独立的窗口中显示整个图形视图，通过控制鸟瞰视图窗口，可以快速移动到目的区域。在绘图时，如果鸟瞰视图窗口保持打开状态，无需执行其他平移和缩放命令就可以直接进行缩放和平移。使用"鸟瞰视图"进行平移和缩放的方法如下。

（1）如果"鸟瞰视图"窗口未打开，选择"视图"|"鸟瞰视图"命令（DSVIEWER），打开"鸟瞰视图"窗口，如图 1-15 所示。在"鸟瞰视图"窗口中单击，显示平移和缩放框。

（2）在平移模式中（在矩形框中心出现一个"X"标记），移动矩形框将图形平移到所需位置。

（3）如果需要缩放，可在"鸟瞰视图"窗口中单击，转换成缩放模式。

（4）移动光标改变缩放框的大小，直到满足需要，再次单击可再次转换成平移模式。

（5）单击右键或按 Enter 键，可将当前视图框锁定在指定的位置。

当绘制复杂的图形时，关闭动态更新功能可以提高系统性能。

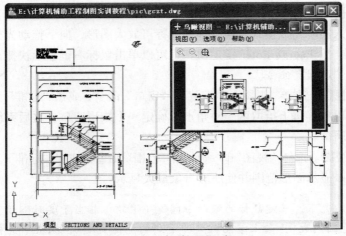

图 1-15 "鸟瞰视图"窗口

1.5

管理图层

　　一个图层相当于一张没有厚度的透明纸，且具有一种线型、线宽和颜色。可在不同的透明纸上绘制不同特性的对象，完成后将这些透明纸重叠在一起便构成一个完整的图形。

　　开始绘制新图形时，AutoCAD 将自动创建一个名为 0 的特殊图层。默认情况下，图层 0 将被指定使用 7 号颜色（白色或黑色，由背景色决定）、Continuous 线型、"默认"线宽及 normal 打印样式，该图层不能删除或重命名。

1.5.1 图 层 操 作

　　可利用"图层特性管理器"对图层进行操作。选择"格式"|"图层"命令（LAYER），或在"图层"工具栏中单击"图层"按钮，即可弹出"图层特性管理器"对话框，如图 1-16 所示。

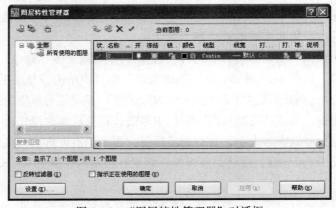

图 1-16 "图层特性管理器"对话框

1. 创建新图层

在"图层特性管理器"对话框中单击"新建图层"按钮，可以创建一个名称为"图层 1"的新图层。默认情况下，新建图层与当前图层的状态、颜色、线性、线宽等设置相同。因此，在新建图层前，一定要先选择好当前图层。

当创建了图层后，图层的名称将显示在图层列表框中，如果要更改图层名称，可单击该图层名，然后输入一个新的图层名并按 Enter 键即可，如图 1-17 所示。

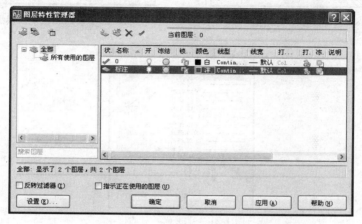

图 1-17　建新图层

2. 设置图层特性

（1）设置图层颜色。图层的颜色实际上是图层中图形对象显示的颜色。绘制复杂图形时可以利用颜色区分图形的不同部分。要改变图层的颜色，可在"图层特性管理器"对话框中单击图层的"颜色"列对应的图标，打开"选择颜色"对话框，如图 1-18 所示。在"选择颜色"对话框中选择需要的颜色即可。

（2）设置图层线型。在绘制图形时要使用线型来区分图形元素，这就需要对线型进行设置。默认情况下，图层的线型为 Continuous。要改变线型，可在图层列表中单击"线型"列的 Continuous，打开"选择线型"对话框，如图 1-19 所示。在"已加载的线型"列表框中选择一种线型，然后单击"确定"按钮。

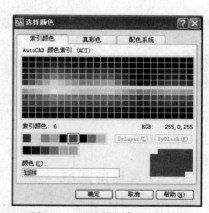

图 1-18　"选择颜色"对话框

如果没有自己需要的线型，可单击"加载"按钮打开"加载或重载线型"对话框，如图 1-20 所示，从可用线型列表框中选择需要加载的线型，然后单击"确定"按钮。

（3）设置图层的线型宽度。通过使用不同宽度的线条绘制不同类型的对象，可以提高图形的表达能力和可读性。要设置图层的线宽，可以在"图层特性管理器"对话框的"线宽"列中单击该图层对应的线宽"——默认"，打开"线宽"对话框，如图 1-21 所示。选择需要的线宽，单击"确定"按钮即可。

图 1-19 "选择线型"对话框

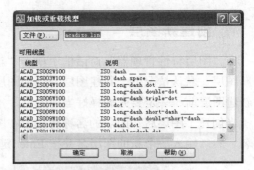

图 1-20 "加载或重载线型"对话框

图 1-21 "线宽"对话框

3．删除图层

在"图层特性管理器"对话框中，选定要删除的某一图层，使其亮显。单击"删除图层"按钮，在选定图层的状态列上会出现删除标记，单击"应用"，即可删除选定图层。

系统默认设置的 0 层、包含对象的图层以及当前层均不能被删除。

1.5.2 控 制 图 层

1．设置当前图层

在"图层特性管理器"对话框的图层列表中，选择某一图层后，单击"当前图层"按钮，即可将该层设置为当前层。利用"图层"工具栏也可以方便实现图层切换，这时只需从下拉列表中选择要将其设置为当前层的图层名称即可，如图 1-22 所示。

图 1-22 图层切换

2．设置图层状态

（1）设置图层的可见性（开/关）。在"图层特性管理器"对话框中，单击某一图层上"开"列表中的灯泡图标，然后单击"应用"按钮即可完成设置。也可在"图层"工具栏中单击灯泡图标设置图层的可见性。

（2）冻结/解冻图层。在"图层特性管理器"对话框中，单击某一图层上"冻结"列表中的图标，接着单击"应用"按钮，完成设置。也可在"图层"工具栏中单击"冻结"图标来实现图层的冻结与解冻。

（3）锁定/解锁图层。在"图层特性管理器"对话框中，单击某一图层上"锁定"列表中的图标，然后单击"应用"按钮，完成设置。也可在"图层"工具栏中单击"锁定"图标来实现图层的锁定与解锁。

3. 改变对象所在图层

绘制完某一图形元素后，如果发现该元素并没有绘制在希望的图层上，可选中该图形元素，在"对象特性"工具栏的图层控制下拉列表框中选择预设层名称，然后按 Esc 键就可改变对象所在图层。

4. 使用"图层工具"管理图层

在 AutoCAD 2008 中，利用"图层工具"管理图层，更方便快捷。选择"格式"|"图层工具"命令中的子命令，就可以通过图层工具来管理图层。"图层工具"菜单如图 1-23 所示。

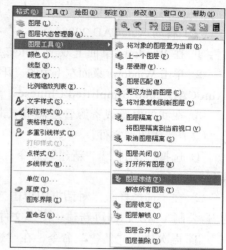

图 1-23　"图层工具"菜单

小 结

在绘制图形前，需要对 AutoCAD 的绘图环境进行设置，包括设置绘图单位、图形界限、绘图窗口背景颜色和选择集，也可以设置选择与选区预览效果。

在绘图过程中，可以使用缩放工具放大该绘图区域，增加图形对象的屏幕显示尺寸（对象的真实尺寸保持不变）。也可以使用缩放工具缩小图形，以便观察图形的整体效果。利用平移视图还可以重新确定图形在绘图区域中的位置。

图层具有线型、线宽和颜色等属性，可根据需要将同类图形对象绘制在同一图层上。可利用"图层特性管理器"对图层进行管理操作，包括创建新的图层、设置图层特性、设置图层的颜色、设置图层的线型、设置图层的线型宽度等。

上机练习指导

【练习内容】

1. 图形文件管理练习

2．绘图环境设置练习

3．显示与图形控制练习

4．图层操作练习

【练习指导】

1．图形文件管理练习

（1）启动 AutoCAD 2008。

① 在 Windows 桌面上双击 AutoCAD 2008 中文版快捷图标。

② 单击 Windows 桌面左下角的"开始"按钮，在弹出的菜单中选择"所有程序"|"Autodesk"|"AutoCAD 2008-Simplified Chinese"|"AutoCAD 2008"。

③ 在我的电脑或资源管理器中双击任意一个 AutoCAD 2008 图形文件。

（2）新建图形文件。

① 选择"文件"|"新建"命令，或在"标准"工具栏中单击"新建"按钮，打开"选择样板"对话框。

② 在"选择样板"对话框中单击"打开"按钮右侧下拉箭头，在弹出菜单中点取"无样板打开-公制（M）"，即可新建一图形文件。

③ 再次执行"新建"命令，在"选择样板"对话框"名称"列表框中选中不同样板文件，单击"打开"按钮打开，练习使用样板文件为样板创建新图形的方法。

（3）打开图形文件。

① 选择"文件"|"打开"命令，或在"标准"工具栏中单击"打开"按钮，打开"选择文件"对话框。

② 选择需要打开的图形文件，单击"打开"按钮右侧下拉箭头，在弹出菜单中分别点取不同选项，练习以"打开"、"以只读方式打开"、"局部打开"和"以只读方式局部打开"4 种方式打开图形文件的方法，并通过对图形对象的实际操作体会不同打开方式的特点。

（4）保存图形文件。

① 选择"文件"|"保存"命令，或在"标准"工具栏中单击"保存"按钮，打开"图形另存为"对话框。

② 在"文件类型"下拉列表框中选择"AutoCAD 2007 图形（*.dwg）"格式，设置好保存路径，输入文件名，单击"保存"按钮，将当前图形以文件形式存储到磁盘中。

2．绘图环境设置练习

（1）改变绘图区的背景颜色。

① 在菜单栏选取"工具"|"选项"命令，打开"选项"对话框。

② 在"选项"对话框中单击"显示"选项卡，然后单击对话框"窗口元素"选项组中的"颜色"按钮，打开"颜色选项"对话框。

③ 在"颜色选项"对话框的"窗口元素"列表框中选择"模板空间背景"，在"颜色"列表框中选择"白色"，然后单击"应用并关闭"按钮，返回"选项"对话框，单击"确定"按钮，完成设置。

（2）设置图形界限。

① 选择"格式"|"图形范围"命令。

② 按照命令提示按 Enter 键。

③ 指定右上角图界坐标（210，297）。

（3）设置绘图单位。

① 选取"格式"|"单位"命令，打开"图形单位"对话框。

② 在"图形单位"对话框中，长度类型设置为"小数"、精度设置为"0"。

③ 在"图形单位"对话框中，角度类型设置为"十进制度数"、精度设置为"0"。

④ 其他选择默认，单击"确定"按钮完成绘图单位的设置。

3．显示与图形控制练习

（1）实时缩放。

① 选择"视图"|"缩放"|"实时"命令，或在"标准"工具栏中单击"实时缩放"按钮，进入实时缩放模式。

② 上下拖动光标，放大图形或缩小图形。

③ 按 Esc 或 Enter 键，也可以单击鼠标右键显示快捷菜单，然后在弹出的快捷菜单中选择"退出"命令，退出实时缩放模式。

（2）窗口缩放。

① 选择"视图"|"缩放"|"窗口"命令，或在"标准"工具栏中单击"窗口缩放"按钮，进入窗口缩放模式。

② 在屏幕上通过拾取两个对角点确定一个矩形窗口，观察系统的缩放效果。

（3）范围缩放。

选择"视图"|"缩放"|"范围"命令，或在"标准"工具栏中单击"范围缩放"按钮，观察系统的缩放效果。

（4）平移图形。

① 选择"视图"|"平移"|"实时"命令，或者单击"标准"工具栏上的"实时平移"按钮。

② 按住鼠标左键拖动视图进行平移操作。

③ 按 Enter 键或者按 Esc 键，也可以单击鼠标右键，在弹出的快捷菜单中选择"退出"命令，取消平移操作。

4．图层操作练习

（1）新建图层。

① 选择"格式"|"图层"命令，或在"图层"工具栏中单击"图层"按钮，打开"图层特性管理器"对话框。

② 在"图层特性管理器"对话框中单击"新建图层"按钮，新建一个名称为"图层 1"的新图层。

③ 在图层列表框中，单击该图层名，输入"中心线"，按 Enter 键。

（2）设置图层颜色。

① 在"图层特性管理器"对话框中单击图层的"颜色"列对应的图标，打开"选择颜色"对话框。

② 在"选择颜色"对话框中选择"洋红"。

（3）设置图层线型。

① 在图层列表中单击"线型"列的 Continuous，打开"选择线型"对话框。

② 单击"加载"按钮打开"加载或重载线型"对话框。

③ 从可用线型列表框中选择"CENTER",单击"确定"按钮。

④ 在"已加载的线型"列表框中选择"CENTER",单击"确定"按钮。

（4）设置图层的线型宽度。

① 在"图层特性管理器"对话框的"线宽"列中单击该图层对应的线宽"——默认",打开"线宽"对话框。

② 在"线宽"对话框中选择"0.25 毫米",单击"确定"按钮。

（5）改变对象所在图层。

① 在"图层"工具栏下拉列表中选择"中心线"图层,将该层设置为当前层。

② 在绘图窗口绘制多条直线对象。

③ 选中其中一条直线。

④ 在"图层"工具栏的图层控制下拉列表框中选择"0"层,按 Esc 键,改变对象所在图层。

（6）设置图层状态。

① 设置"中心线"图层为当前层。

② 在"图层"工具栏中单击灯泡图标,观察效果。

③ 在"图层"工具栏中单击"冻结"图标,观察效果。

④ 在"图层"工具栏中单击"锁定"图标,观察效果。

 实例训练

【实训内容】

设置 AutoCAD 2008 环境。

【实训要求】

（1）了解 AutoCAD 2008 系统的界面。

（2）练习环境设置和显示与图形控制的方法。

（3）按表 1-1 创建图层,并设置图层特性。

（4）以"实例训练 1.dwg"为文件名保存文件。

表 1-1 图层设置

图 层 名 称	颜 色	线 形	线 宽
粗实线	绿色	Continuous	0.5
细实线	白色	Continuous	0.25
点画线	红色	Center	0.25
虚线	黄色	Continuous	0.25
标注	洋红	Continuous	0.25

习 题

1. 如何使整个图形显示在绘图区中？
2. "打开"方式和"局部打开"方式打开图形文件有何不同？
3. 简述改变背景颜色的方法与步骤。
4. 什么是图层？有何用途？
5. 什么样的图层不能删除？
6. 冻结和关闭图层的区别是什么？

第2章

创建二维图形对象

【学习目标】

1. 熟练掌握绘制二维图形对象的基本方法
2. 掌握线条类对象的绘制方法
3. 掌握圆类对象的绘制方法
4. 掌握平面类对象的绘制方法

2.1 绘图方法

AutoCAD 2008 提供"绘图"菜单、"绘图"工具栏、绘图命令等方法来绘制基本图形对象。

1. "绘图"菜单

"绘图"菜单是绘制图形最基本、最常用的方法，其中包含了 AutoCAD 2008 的大部分绘图命令。选择该菜单中的命令或子命令，可绘制出相应的二维图形，如图 2-1 所示。

2. "绘图"工具栏

"绘图"工具栏是绘图命令的可视化表现形式，如图 2-2 所示，其中每个工具按钮都与"绘图"菜单中的绘图命令相对应。单击图标即可执行相应命令，使用方便、快捷。

3. 使用绘图命令

在命令提示行中输入绘图命令，图 2-3 所示为键入"line"后按 Enter 键，然后根据命令行的提示信息进行相应的响应操作，也可绘制图形对象。但使用这种方法的前提条件是要掌握绘图命令及其选择项的具体功能。

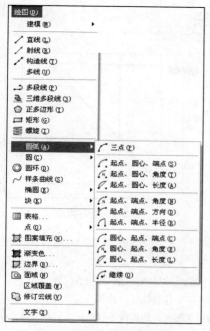

图 2-1 "绘图"菜单

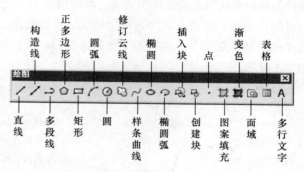

图 2-2 "绘图"工具栏

图 2-3 命令提示行

2.2
绘制线条类对象

2.2.1 绘制直线

直线是最基本的图形组成元素，也是绘图过程中用得最多的图形，绘制方法也比较简单，只要指定两点就能绘制出这两点之间的直线。选择"绘图"|"直线"命令（LINE），或在"绘图"工具栏中单击"直线"按钮，根据命令行提示指定两点位置就可绘制出这两点之间的直线。执行如下绘制命令后，绘图结果如图 2-4 所示。

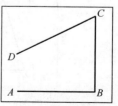

图 2-4 绘制直线

```
命令: _line 指定第一点:              //通过光标拾取方式确定直线第一点 A。
指定下一点或 [放弃(U)]:              //通过光标拾取直线第二点 B。
指定下一点或 [放弃(U)]:              //通过光标拾取直线第三点 C。
指定下一点或 [闭合(C)/放弃(U)]:      //通过光标拾取直线第四点 D。
指定下一点或 [闭合(C)/放弃(U)]: ↵    //按 Enter 键。
```

2.2.2　绘制构造线

没有起点和终点，向两个方向无限延伸的直线称为构造线，构造线主要用作辅助线。在 AutoCAD 制图中，通常使用构造线配合其他编辑命令来进行辅助绘图。

选择"绘图"|"构造线"命令（XLINE），或在"绘图"工具栏中单击"构造线"按钮，先后指定两点位置，即可绘制出由这两点决定的构造线。继续指定下一点位置，则可绘出由此点和第一点决定的构造线，依次类推，直到按 Enter 键结束命令。执行如下绘制命令后，绘图结果如图 2-5 所示。

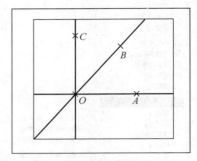

图 2-5　绘制构造线

```
命令：_xline
指定点或 [水平(H)/垂直(V)/
角度(A)/二等分(B)/偏移(O)]:          //通过光标拾取方式给定构造线经过的第一点位置 O。
指定通过点：                          //通过光标拾取方式给定构造线经过的第二点位置 A。
指定通过点：                          //通过光标拾取方式给定第二条构造线经过的第二点位置 B。
指定通过点：                          //通过光标拾取方式给定第三条构造线经过的第二点位置 C。
指定通过点： ↵                        //按 Enter 键。
```

在命令行中有多个选项，选择不同选项，可用不同方法绘制构造线。

- "水平（H）"和"垂直（V）"方式能够创建一条经过指定点并且与当前坐标系的 X 轴或 Y 轴平行的构造线。
- "角度（A）"方式可以创建一条与参照线或水平轴成指定角度，并经过指定一点的构造线。
- "二等分（B）"方式可以创建一条等分某一角度的构造线。
- "偏移（O）"方式可以创建平行于一条基线一定距离的构造线。

图 2-6 所示三角形 ABC，利用"二等分（B）"选项可以创建一条等分角∠ABC 的构造线，如图 2-7 所示。

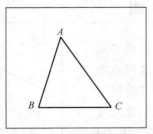

图 2-6　绘制构造线前

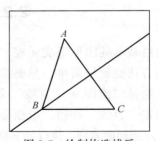

图 2-7　绘制构造线后

```
命令：_xline
指定点或 [水平(H)/垂直(V)/角度(A)/
二等分(B)/偏移(O)]: b ↵              //选择"二等分(B)"选项。
指定角的顶点：                        //通过光标拾取方式给定角的顶点 B。
指定角的起点：                        //通过光标拾取方式指定角的起点 AB 边。
指定角的端点：                        //通过光标拾取方式指定角的端点 BC 边。
```

2.2.3　绘　制　圆　弧

选择"绘图"|"圆弧"命令中的子命令，或单击"绘图"工具栏中的"圆弧"按钮，都可执行绘制圆弧命令。

（1）指定 3 点方式。绘制圆弧的默认方式，依次指定 3 个不共线的点，绘制的圆弧为通过这 3 个点而且起于第一个点止于第 3 个点的圆弧。

（2）指定起点、圆心以及另一参数方式。圆弧的起点和圆心决定了圆弧所在的圆，第 3 个参数可以是圆弧的端点（中止点）、角度（即起点到终点的圆弧角度）和长度（圆弧的弦长）。

（3）指定起点、端点以及另一参数方式。圆弧的起点和端点决定了圆弧圆心所在的直线，第 3 个参数可以是圆弧的角度、圆弧在起点处的切线方向和圆弧的半径。

选择"绘图"|"圆弧"命令中的"起点、端点、角度"子命令，分别指定起点、端点和角度值，即可绘制图 2-8 所示圆弧。

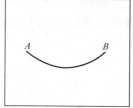

图 2-8　绘制圆弧

命令：_arc	
指定圆弧的起点或 [圆心(C)]：	//通过光标拾取方式给定角的顶点 A。
指定圆弧的第二个点或 [圆心(C)/端点(E)]：_e	//选择"端点(E)"选项。
指定圆弧的端点：	//指定端点 B。
指定圆弧的圆心或 [角度(A)/方向(D)/半径(R)]：_a	//选择"角度(A)"选项。
指定包含角：90 ↵	//指定角度值为 90。

涉及输入角度时，如果输入角度为正值，则逆时针绘制圆弧，输入角度为负时，将顺时针绘制圆弧；如果未指定点而直接按 Enter 键，将以最后绘制的直线或圆弧的端点作为起点，并立即提示指定新圆弧的端点，这样可创建一条与最后绘制的直线、圆弧或多段线相切的圆弧。

2.2.4　绘制椭圆弧

选择"绘图"|"椭圆弧"命令中的子命令（ELLIPSE），或单击"绘图"工具栏中的"椭圆弧"按钮，都可执行绘制椭圆弧命令。执行以下命令，绘制的椭圆弧如图 2-9 所示。

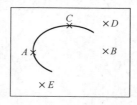

图 2-9　绘制椭圆弧

命令：_ellipse	
指定椭圆的轴端点或 [圆弧(A)/中心点(C)]：_a	//选择"圆弧(A)"选项。
指定椭圆弧的轴端点或 [中心点(C)]：	//指定椭圆弧的轴端点 A。
指定轴的另一个端点：	//指定轴的另一个端点 B。

指定另一条半轴长度或 [旋转(R)]:	//指定另一条半轴长度 C。
指定起始角度或 [参数(P)]:	//指定起始角度 D。
指定终止角度或 [参数(P)/包含角度(I)]:	//指定终止角度 E。

2.2.5 绘制多段线

多段线可以由等宽或不等宽的直线和圆弧组成，其是作为单个对象创建的。

选择"绘图" | "多段线"命令（PLINE），或单击"绘图"工具栏中的"多段线"按钮，都可启动绘制多段线命令。执行以下命令，绘制的多段线如图 2-10 所示。

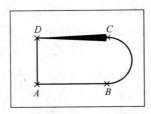

图 2-10 绘制多段线

命令：_pline	
指定起点:	//指定多段线的起始点 A。
当前线宽为 0.0000	//提示当前绘图宽度为 0.0000，该值为上次
执行多段线命令后设定的宽度值。	
指定下一个点或 [圆弧(A)/半宽(H)/	
长度(L)/放弃(U)/宽度(W)]:	//指定多段线的下一个点 B。
指定下一点或 [圆弧(A)/闭合(C)/半宽(H)/	
长度(L)/放弃(U)/宽度(W)]: a ↵	//选择"圆弧(A)"选项绘制圆弧。
指定圆弧的端点或[角度(A)/圆心(CE)/闭合(CL)/方向(D)/	
半宽(H)/直线(L)/半径(R)/第二个点(S)/放弃(U)/宽度(W)]:	//指定多段线的下一个点 C。
指定圆弧的端点或[角度(A)/圆心(CE)/闭合(CL)/方向(D)/	
半宽(H)/直线(L)/半径(R)/第二个点(S)/	
放弃(U)/宽度(W): l ↵	//选择"直线(L)"选项绘制直线。
指定下一点或 [圆弧(A)/闭合(C)/半宽(H)/	
长度(L)/放弃(U)/宽度(W)]: w ↵	//选择"宽度(W)"选项绘制宽多段线。
指定起点宽度 <0.0000>: 5 ↵	//输入直线段的起点宽度"5"。
指定端点宽度 <5.0000>: 1 ↵	//输入直线段的终点宽度"1"。
指定下一点或 [圆弧(A)/闭合(C)/	
半宽(H)/长度(L)/放弃(U)/宽度(W)]:	//指定多段线的下一个点 D。
指定下一点或 [圆弧(A)/闭合(C)/	
半宽(H)/长度(L)/放弃(U)/宽度(W)]: c ↵	//选择"闭合(C)"选项绘制闭合多段线。

2.2.6 绘制样条曲线

样条曲线是经过或接近一系列给定点的光滑曲线。在 AutoCAD 中，其类型是非均匀有理 B 样条曲线，适合表达具有不规则变化曲率半径的曲线。

选择"绘图"|"样条曲线"命令（SPLINE），或在"绘图"工具栏中单击"样条曲线"按钮，此时，命令行将显示提示信息如下。

指定第一个点或 [对象(O)]：	//指定起点 A。
指定下一点或 [闭合(C)/	
拟合公差(F)] <起点切向>：	//依次指定 B、C、D 点，按 Enter 键。此时

将从第一个控制点到当前光标位置延伸出一条橡皮筋线。样条曲线在起点处的切线方向将随着光标的移动而修改。

指定起点切向：	//指定 E 点。
指定端点切向：	//指定 F 点。

指定方向后，AutoCAD 将结束命令，绘制出一条如图 2-11 所示的样条曲线。

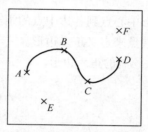

图 2-11　绘制样条曲线

2.3 绘制闭合类对象

2.3.1　绘　制　矩　形

在 AutoCAD 中，用户可以绘制多种矩形，如倒角矩形、圆角矩形，并且可以设置边线的宽度与厚度。

选择"绘图"|"矩形"命令（RECTANG），或在"绘图"工具栏中单击"矩形"按钮，执行命令后，命令提示"指定第一个角点或 [倒角(C)/标高(E)/圆角(F)/厚度(T)/宽度(W)]：", 通过选择不同选项，可绘制出倒角、圆角等各种矩形。例如，执行下面的命令，可绘制出图 2-12 所示的圆角矩形。

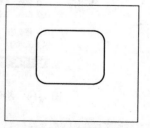

图 2-12　绘制矩形

命令：_rectang	
指定第一个角点或 [倒角(C)/标高(E)/	
圆角(F)/厚度(T)/宽度(W)]： f ↵	//选择"圆角(F)"选项绘制圆角矩形。
指定矩形的圆角半径 <0.0000>： 10 ↵	//输入圆角半径"5"。
指定第一个角点或 [倒角(C)/标高(E)/	
圆角(F)/厚度(T)/宽度(W)]：	//指定左下角点。
指定另一个角点或 [面积(A)/尺寸(D)/旋转(R)]：	//指定右上角点。

2.3.2　绘制正多边形

选择"绘图"|"正多边形"命令（POLYGON），或在"绘图"工具栏中单击"正多边形"按钮，均可绘制边数为 3～1 024 的正多边形。

在执行"正多边形"命令中，通过选择不同选项，可使用内接圆、外接圆和指定边这 3 种方法来绘制正多边形。

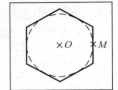

- 内接于圆　指定外接圆的半径，正多边形的所有顶点都在此圆周上。
- 外切于圆　指定从正多边形中心点到各边中点的距离。
- 边　通过指定第一条边的端点来定义正多边形。

图 2-13 所示为使用外接圆方法绘制的正六边形。

图 2-13　绘制正多边形

```
命令: _polygon
输入边的数目 <4>: 6 ↵                          //输入边的数目"6"。
指定正多边形的中心点或 [边(E)]:                 //指定中心点 O。
输入选项 [内接于圆(I)/外切于圆(C)] <I>: c ↵     //选择"外切于圆(C)"选项绘制圆角矩形。
指定圆的半径:                                   //指定圆的半径端点 M。
```

2.3.3　绘　制　圆

AutoCAD 提供了 6 种方法绘制圆对象，如图 2-14 所示。

选择"绘图"|"圆"命令（CIRCLE）的子命令，或在"绘图"工具栏中单击"圆"按钮，均可绘制圆对象。

例如，选择"绘图"|"圆"命令的"相切、相切、半径"子命令，执行下面的命令，可绘制出如图 2-15 所示的图形。

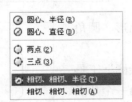

图 2-14　绘制圆对象的方法

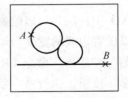

图 2-15　绘制圆

```
命令: _circle
指定圆的圆心或 [三点(3P)/两点(2P)/相切、相切、半径(T)]: _ttr
指定对象与圆的第一个切点:                       //指定第一个切点 A。
指定对象与圆的第二个切点:                       //指定第一个切点 B。
指定圆的半径 <10.0000>: 10 ↵                    //指定圆的半径"10"。
```

基于指定半径和两个相切对象绘制圆时，有时会有多个圆符合指定的条件，AutoCAD 将绘制具有指定半径的圆，其切点与选定点的距离最近。

2.3.4 绘 制 椭 圆

选择 "绘图" | "椭圆" 命令 (ELLIPSE) 子命令，或在 "绘图" 工具栏中单击 "椭圆" 按钮，启动绘制椭圆命令，执行下面的命令，可绘制出如图 2-16 所示的椭圆。

```
命令: _ellipse
指定椭圆的轴端点或 [圆弧(A)/中心点(C)]: c ↵          //选择 "中心点(C)" 选项。
指定椭圆的中心点:                              //指定中心点 O。
指定轴的端点:                                 //指定长轴端点 M。
指定另一条半轴长度或 [旋转(R)]:                //指定短轴端点 N。
```

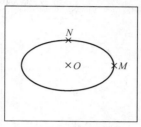

图 2-16　绘制椭圆

2.4

绘制复杂图形对象

为了便于绘制复杂工程图样，AutoCAD 2008 提供了一些特殊的绘图命令，如等分点、边界、面域、图案填充等。

2.4.1 等 分 点

AutoCAD 提供了定数等分和定距等分两种方法等分对象。可以被等分的对象包括直线、圆弧、样条曲线、圆、椭圆、多段线等。执行等分命令后被等分对象还是一个整体，仅利用点或块来标明等分的位置。

● 定数等分　可以将指定的对象平均分为若干段，并利用点对象进行标识。该命令执行当中需要用户提供分段数，AutoCAD 根据对象总长度与分段数自动计算每段的长度。

● 定距等分　可以将指定的对象平均分为若干段，并利用点对象进行标识。该命令与定数等分不同的是在命令执行当中需要用户提供每段的长度，AutoCAD 根据对象总长度与分段数自动计算分段数。

（1）设置 "点样式"：由于要利用点对象进行分段标识，因此要首先更改点的样式，选择 "格式" | "点样式" 命令（DDPTYPE），打开 "点样式" 对话框，如图 2-17 所示。选取需要的样式，设置好

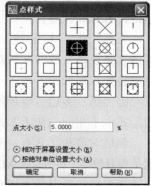

图 2-17　"点样式" 对话框

大小，单击"确定"按钮即可。

（2）定数等分：定数等分命令格式如下。

```
命令：_divide
选择要定数等分的对象：                    //选择要定数等分的直线对象。
输入线段数目或 [块(B)]：5   ↵           //输入线段数目"5"。
```

如图 2-18 所示。

（3）定距等分：定距等分命令格式如下。

```
命令：_measure
选择要定距等分的对象：                    //选择要定数等分的弧线对象。
指定线段长度或 [块(B)]：20   ↵          //输入线段长度"20"。
```

如图 2-19 所示。

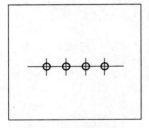

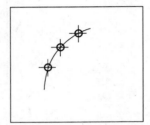

图 2-18　定数等分　　　　　　　　　　　图 2-19　定距等分

等分对象的类型不同，等分的起点也不同。
- 对于直线或多段线，分段开始于距离选择点最近的端点。
- 闭合多段线的分段开始于多段线的起点。
- 圆的分段起点是以圆心为起点、当前捕捉角度为方向的捕捉路径与圆的交点。

2.4.2　绘制面域

在 AutoCAD 中，面域是边界封闭的闭合区域。这些边界封闭区域可以是圆、椭圆、封闭的二维多段线和封闭的样条曲线等对象，也可以是由圆弧、直线、二维多段线、椭圆弧、样条曲线等对象构成。在 AutoCAD 中，已创建的面域对象可以进行着色和填充图案，也可非常方便地计算其面积等。

选择"绘图"|"面域"命令（REGION），或在"绘图"工具栏中单击"面域"按钮，AutoCAD 提示选择要转换成面域的对象。当结束选择对象后，按 Enter 键，AutoCAD 立即将选定的有效对象转换成面域。

因为圆、多边形等封闭图形属于线框模型，而面域属于实体模型，因此它们在选中时表现的形式也不相同，如图 2-20 所示。

面域对象除了具有一般图形对象的属性外，还具有面域对象的属性，其中一个重要的属性就是质量特性。在 AutoCAD 2008 中，选择"工具"|"查询"|"面域/质量特性"命令（MASSPROP），并选择要提取数据的面域对象，然后按下 Enter 键，系统将自动切换到"AutoCAD 文本窗口"，并在窗口中显示选择的面域对象的数据特性，如图 2-21 所示。

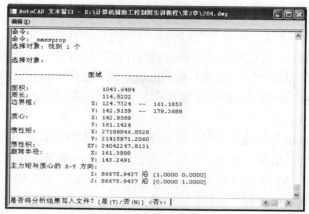

图 2-21 AutoCAD 文本窗口

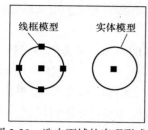

图 2-20 选中面域的表现形式

2.4.3 图案填充

图案填充是一种使用指定线条图案来充满指定区域的操作，常常用于表达剖切面和不同类型物体对象的外观纹理等，被广泛应用在绘制机械图、建筑图及地质构造图等各类图形中，以增加图形的可读性。

选择"绘图"|"图案填充"命令（BHATCH），或在工具栏中单击"图案填充"按钮，打开"图案填充和渐变色"对话框，如图 2-22 所示，在"图案填充"选项卡中，可以设置图案填充时的类型和图案、角度和比例等特性。

（1）类型：单击"类型"下拉列表框，选择填充的图案类型。

（2）图案：单击"图案"下拉列表框，在下拉列表框中可以根据图案名选择图案，也可以单击其后的按钮，在打开的"填充图案选项板"对话框中进行选择。

（3）角度：单击"角度"下拉列表框，设置填充图案的旋转角度，每种图案在定义时的旋转角度都为零。

（4）比例：单击"比例"下拉列表框，设置图案填充时的比例值，每种图案在定义时的初始比例为 1，可以根据需要调整。

（5）图案填充原点。

● 选择"使用当前原点"单选按钮，可以使用当前 UCS 的原点（0,0）作为图案填充原点。

● 选择"指定的原点"单选按钮，可以通过指定点作为图案填充原点。其中，单击"单击以设置新原点"按钮，可以从绘图窗口中选择某一点作为图案填充原点；选择"默认为边界范围"复选框，可以以填充边界的特殊点作为图案填充原点。

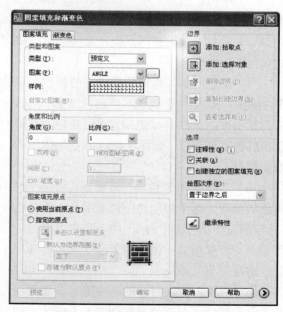

图 2-22 "图案填充和渐变色"对话框

（6）边界。

● 单击"拾取点"按钮，可以拾取点的形式来指定填充区域的边界。单击该按钮切换到绘图窗口，可在需要填充的区域内任意指定一点，系统会自动计算出包围该点的封闭填充边界，同时亮显该边界。如果在拾取点后系统不能形成封闭的填充边界，则会显示错误提示信息。

● 单击"选择对象"按钮，切换到绘图窗口，可以通过选择对象的方式来定义填充区域的边界。

单击"预览"按钮，可以使用当前图案填充设置显示当前定义的边界，单击图形或按 Esc 键返回对话框，单击"确定"按钮或按 Enter 键接受图案填充。

在进行图案填充时，通常将位于一个已定义好的填充区域内的封闭区域称为孤岛。单击"图案填充和渐变色"对话框右下角的按钮，将显示更多选项，可以对孤岛和边界进行设置。

> 在 AutoCAD 中，任何一个图案填充，系统都将其认为是一个独立的图形对象，可作为一个整体进行各种操作。
>
> 一个具有关联性的填充图案是和其边界联系在一起的，当其边界发生改变时会自动更新以适合新的边界。
>
> 非关联性的填充图案则独立于它们的边界，不会随边界变化自动更新。

2.4.4　渐变色填充

渐变色填充指的是使用指定颜色来充满指定区域的操作，选择"绘图"|"图案填充"命令（BHATCH），或在工具栏中单击"图案填充"按钮，打开"图案填充和渐变色"对话框，在"渐变色"选项卡中，可以设置渐变色填充选项，如图 2-23 所示。

（1）单色：指定使用从较深着色到较浅色调平滑过渡的单色填充。

（2）双色：指定在两种颜色之间平滑过渡的双色渐变填充。

（3）颜色样本：指定渐变填充的颜色。单击"浏览"按钮 [...] 以显示"选择颜色"对话框，从中可以选择 AutoCAD 索引颜色、真彩色或配色系统颜色。显示的默认颜色为图形的当前颜色。

（4）"着色"和"色调"滑动条：指定一种颜色的色调（选定颜色与白色的混合）或着色（选定颜色与黑色的混合），用于渐变填充。

（5）渐变图案：显示用于渐变填充的九种固定图案。

（6）居中：指定对称的渐变配置。如果没有选定此选项，渐变填充将朝左上方变化，创建光源在对象左边的图案。

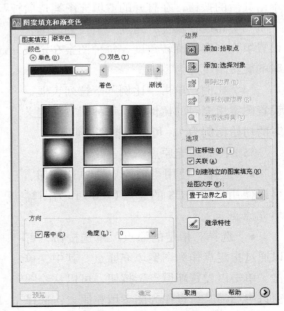

图 2-23　"渐变色"选项卡

（7）角度：指定渐变填充的角度。

其他选项的设置及操作方法与"图案填充"相同。

小　结

　　AutoCAD 提供了"绘图"菜单、"绘图"工具栏和绘图命令等方法来绘制基本图形对象。"绘图"菜单是绘制图形最基本、最常用的方法，其中包含了 AutoCAD 的大部分绘图命令。"绘图"工具栏是绘图命令的可视化表现形式，使用方便、快捷。而 AutoCAD 的所有命令都可以在命令提示行中执行。

　　AutoCAD 提供了 20 多种图形对象，常用的有直线、构造线、圆弧、多段线、矩形、正多边形、圆等。绘制方法相对比较简单，使用时注意根据需要选择合适选项。

　　图案填充是一种使用指定线条图案来充满指定区域的操作，常常用于表达剖切面和不同类型物体对象的外观纹理等，以增加图形的可读性。

上机练习指导

【练习内容】

绘制如图 2-24 所示的图形。

图 2-24　上机练习

【练习指导】

（1）设置绘图环境。

（2）按表 2-1 新建图层，并设置图层特性。

表 2-1　　　　　　　　　　　　　　　　　　图层设置

图 层 名 称	颜　色	线　形	线　宽
粗实线	绿色	Continuous	0.5
细实线	白色	Continuous	0.25

（3）置"粗实线"层为当前层，绘制直线（见图 2-25）。

命令：LINE
指定第一点：　　　　　　　　　　　　　　　　　　//选取任意点 A。
指定下一点或 [放弃(U)]：　　　　　　　　　　　//选取点 B 绘制水平线。
指定下一点或 [放弃(U)]：　　　　　　　　　　　//按 Enter 键退出。

（4）绘制圆对象（见图 2-26）。

命令：CIRCLE
指定圆的圆心或 [三点(3P)/两点(2P)/
相切、相切、半径(T)]：2P ↵　　　　　　　　　//选择"两点(2P)"选项。
指定圆直径的第一个端点：　　　　　　　　　　　//指定圆直径的第一个端点 A。
指定圆直径的第二个端点：　　　　　　　　　　　//指定圆直径的第一个端点 B。

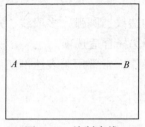

图 2-25　绘制直线

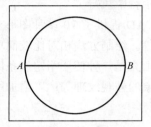

图 2-26　绘制圆

（5）设置"点样式"。选择"格式"|"点样式"命令，打开"点样式"对话框，设置"点样式"，如图 2-27 所示。

（6）6 等分直线。选择"绘图"|"点"|"定数等分"命令，6 等分直线 AB，如图 2-28 所示。

命令：DIVIDE
选择要定数等分的对象：　　　　　　　　　　　　//选取线段 C。
输入线段数目或 [块(B)]：6 ↵　　　　　　　　　//输入线段数 6。

（7）绘制圆弧（见图 2-29）。

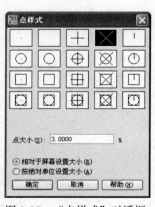

图 2-27　"点样式"对话框

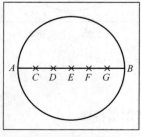

图 2-28　6 等分直线

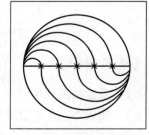

图 2-29　绘制圆弧

命令：_pline
指定起点：　　　　　　　　　　　　　　　　　　//选取点 A。
当前线宽为 0.0000

指定下一个点或 [圆弧(A)/半宽(H)/长度(L)/放弃(U)/宽度(W)]: A ↵	//输入"圆弧(A)"选项。
指定圆弧的端点或 [角度(A)/圆心(CE)/方向(D)/半宽(H)/	
直线(L)/半径(R)/第二个点(S)/放弃(U)/宽度(W)]: A ↵	//输入"角度(A)"选项。
指定包含角: -180 ↵	//输入角度-180。
指定圆弧的端点或 [圆心(CE)/半径(R)]:	//选取点 C。
指定圆弧的端点或 [角度(A)/圆心(CE)/方向(D)/半宽(H)/	
直线(L)/半径(R)/第二个点(S)/放弃(U)/宽度(W)]:	//选取点 B。
指定圆弧的端点或 [角度(A)/圆心(CE)/方向(D)/半宽(H)/	
直线(L)/半径(R)/第二个点(S)/放弃(U)/宽度(W)]: A ↵	//输入角度选项 A。
指定包含角: -180 ↵	//输入角度-180。
指定圆弧的端点或 [圆心(CE)/半径(R)]:	//选取单点 D。
指定圆弧的端点或 [角度(A)/圆心(CE)/方向(D)/半宽(H)/	
直线(L)/半径(R)/第二个点(S)/放弃(U)/宽度(W)]:	//选取象限点 A。
指定圆弧的端点或 [角度(A)/圆心(CE)/方向(D)/半宽(H)/	
直线(L)/半径(R)/第二个点(S)/放弃(U)/宽度(W)]: A ↵	//输入角度选项 A。
指定包含角: -180 ↵	//输入角度-180。
指定圆弧的端点或 [圆心(CE)/半径(R)]:	//选取单点 E。
指定圆弧的端点或 [角度(A)/圆心(CE)/方向(D)/半宽(H)/	
直线(L)/半径(R)/第二个点(S)/放弃(U)/宽度(W)]:	//选取象限点 B。
指定圆弧的端点或 [角度(A)/圆心(CE)/方向(D)/半宽(H)/	
直线(L)/半径(R)/第二个点(S)/放弃(U)/宽度(W)]: A ↵	//输入角度选项 A。
指定包含角: -180 ↵	//输入角度-180。
指定圆弧的端点或 [圆心(CE)/半径(R)]:	//选取单点 F。
指定圆弧的端点或 [角度(A)/圆心(CE)/方向(D)/	
半宽(H)/直线(L)/半径(R)/第二个点(S)/放弃(U)/宽度(W)]:	//选取象限点 A。
指定圆弧的端点或 [角度(A)/圆心(CE)/方向(D)/半宽(H)/	
直线(L)/半径(R)/第二个点(S)/放弃(U)/宽度(W)]: A ↵	//输入角度选项 A。
指定包含角: -180 ↵	//输入角度-180。
指定圆弧的端点或 [圆心(CE)/半径(R)]:	//选取单点 G。
指定圆弧的端点或 [角度(A)/圆心(CE)/方向(D)/半宽(H)/	
直线(L)/半径(R)/第二个点(S)/放弃(U)/宽度 W]]:	//选取象限点 B。
指定圆弧的端点或 [角度(A)/圆心(CE)/方向(D)/半宽(H)/	
直线(L)/半径(R)/第二个点(S)/放弃(U)/宽度(W)]:	//按 Enter 键完成。

（8）删除直线和节点，完成图形绘制，如图 2-24 所示。

实例训练

【实训内容】

绘制如图 2-30 所示图形。

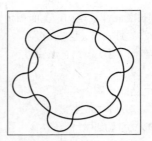

图 2-30　实例训练

【实训要求】

（1）设置绘图环境。

（2）新建"粗实线"图层，并设置图层线宽为 0.5。

（3）使用绘图工具"圆"、"定数等分"、"多段线"绘制图形。

（4）以"实例训练 2.Dwg"保存图形。

习 题

1. 如何绘制已知半径、已知起点的半圆？

2. 多段线的圆弧怎样绘制？操作时应该注意什么？

3. 修剪与延伸命令的操作有哪些区别？

4. 圆角命令中圆角半径是否可以设置为零？

5. 绘制图 2-31 所示图形。

6. 绘制图 3-32 所示箭头。

7. 绘制图 3-33 所示图形。

8. 绘制图 3-34 所示棘形齿轮平面图。

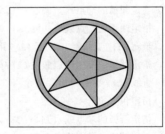

图 2-31　题图

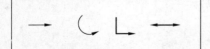

图 2-32　题图

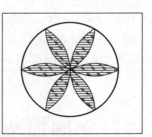

图 2-33　题图

图 2-34　棘形齿轮平面图

第3章

利用绘图辅助工具精确绘图

【学习目标】

1. 掌握坐标系的使用方法并能够设置栅格和捕捉功能
2. 熟练掌握对象捕捉和自动追踪的设置方法以及使用对象捕捉和自动追踪功能绘制综合图形的方法
3. 理解并掌握对象选择方法

3.1 使用坐标系

在绘图过程中要精确定位某个对象时，常常需要使用某个坐标系作为参照，以便拾取点的位置。通过 AutoCAD 的坐标系可以提供精确绘制图形的方法，可以按照非常高的精度标准，准确地设计并绘制图形。

3.1.1 认识坐标系

在 AutoCAD 中，坐标系分为世界坐标系（WCS）和用户坐标系（UCS）。

世界坐标系：它包括 X 轴和 Y 轴（如果在三维空间工作，还有一个 Z 轴），其原点位于图形窗口的左下角，所有的位移相对于该原点计算，并且沿 X 轴正向及 Y 轴正向的位移规定为正方向，在原点处有一"口"形标志。

用户坐标系：X、Y、Z 轴以及原点方向都可以移动或者旋转，甚至依赖某个特定的对象，在该坐标系下，各轴的方向位置有很大灵活性，但 3 轴仍然相互垂直，原点处无"口"形标志。

3.1.2 坐标的表示方法

在 AutoCAD 中，点的坐标可以使用绝对直角坐标、绝对极坐标、相对直角坐标和相对极坐标 4 种方法表示。它们的特点如下。

绝对直角坐标：是从点（0,0）或（0,0,0）出发的位移，可以使用分数、小数或科学记数等形式表示点的 X 轴、Y 轴、Z 坐标值，坐标间用逗号隔开，如点（8,5）和（3.0,5.2,8.8）等。

绝对极坐标：是从点（0,0）或（0,0,0）出发的位移，但给定的是距离和角度，其中，距离和角度用 "<" 分开，且规定 X 轴正向为 0°，Y 轴正向为 90°，如点（4.27<60）、（34<30）等。

相对直角坐标：指相对于某一点的 X 轴和 Y 轴位移，它的表示方法是在绝对坐标表达方式前加上 "@" 号，如点（@-13,8）。

相对极坐标：指相对于某一点的距离和角度。它的表示方法是在绝对坐标表达方式前加上 "@" 号，如点（@11<24），其中，角度是新点和上一点连线与 X 轴的夹角。

例如，执行下面的命令，可绘制图 3-1 所示的图形。

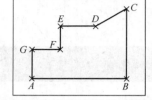

图 3-1 用不同坐标绘制几何图形

```
命令: _line
指定第一点: 70,140 ↵                            //执行绘制直线命令，指定 A 点绝对直角坐标。
指定下一点或 [放弃(U)]: @ 80,0 ↵                 //指定 B 点相对直角坐标。
指定下一点或 [闭合(C)/放弃(U)]: @ 0,60 ↵         //指定 C 点相对直角坐标。
指定下一点或 [闭合(C)/放弃(U)]: @ 30<210 ↵       //指定 D 点相对极坐标。
指定下一点或 [闭合(C)/放弃(U)]: @ -30,0 ↵        //指定 E 点相对直角坐标。
指定下一点或 [放弃(U)]: @ 0,-20 ↵                //指定 F 点相对直角坐标。
指定下一点或 [放弃(U)]: @ 24<180 ↵               //指定 G 点相对极坐标。
指定下一点或 [闭合(C)/放弃(U)]: 70,140 ↵         //指定 A 点绝对直角坐标。
指定下一点或 [闭合(C)/放弃(U)]:                   //按 Enter 键。
```

3.1.3 控制坐标显示

在绘图窗口中移动光标时，状态栏上将动态地显示当前指针的坐标。显示何种坐标取决于所选择的模式和当时的命令执行状态。

● "绝对"用于显示光标的绝对坐标，该值是动态更新的，默认情况下，显示方式是打开的。

● "相对"用于显示一个相对极坐标。当选择该方式时，如果当前处在拾取点状态，系统将显示光标所在位置相对于上一个点的距离和角度。当离开拾取点状态时，系统将恢复到"绝对"状态。

● "关"用于显示上一个拾取点的绝对坐标。此时，指针坐标将不能动态更新，只有在拾取一个新点时，显示才会更新。

在状态栏中坐标显示区域双击左键，可在这 3 种状态之间相互切换，也可以在状态栏坐标显示区域单击右键，在弹出快捷菜单中选择所需状态。

3.2

设置捕捉和栅格

在绘图过程中，很难利用光标精确指定点的某一位置。充分利用"捕捉"和"栅格"功能，可以精确定位点，提高绘图效率。

　　利用栅格捕捉，可以使光标在绘图屏幕上按指定的步距移动，就像在绘图屏幕上隐含分布着按指定行间距和列间距排列的栅格点，这些栅格点对光标有吸附作用，即能够捕捉光标，使光标只能落在由这些点确定的位置上。

1．打开或关闭捕捉和栅格

　　在 AutoCAD 程序窗口的状态栏中，单击"捕捉"和"栅格"按钮，即可打开或关闭捕捉和栅格；也可选择"工具"|"草图设置"命令（DSETTINGS），打开"草图设置"对话框，如图 3-2 所示，在"捕捉和栅格"选项卡中选中或取消"启用捕捉"和"启用栅格"复选框，打开或关闭捕捉和栅格。

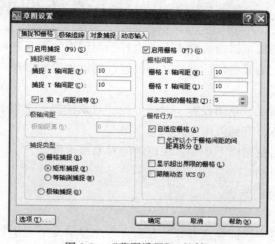

图 3-2　"草图设置"对话框

2．设置捕捉和栅格参数

　　利用"草图设置"对话框中的"捕捉和栅格"选项卡，可以设置捕捉和栅格的相关参数，主要选项的功能如下。

- "启用捕捉"复选框用于打开或关闭捕捉方式。
- "捕捉间距"选项组用于设置捕捉 X 和 Y 间距。
- "极轴间距"用于设置极轴捕捉增量距离。
- "捕捉类型"选项组用于可以设置捕捉类型，包括"栅格捕捉"和"极轴捕捉"两种。
- "启用栅格"复选框用于打开或关闭栅格的显示。
- "栅格间距"选项组用于设置栅格间距。

3.3
使用正交模式

AutoCAD 提供的正交模式也可以用来精确定位点，它将定点设备的输入限制为水平或垂直。利用此功能，可以方便地绘出与当前 X 轴或 Y 轴平行的线段。

在 AutoCAD 程序窗口的状态栏中单击"正交"按钮，或按 F8 键，都可以打开或关闭正交方式。

打开正交功能后，输入的第 1 点不受限制，但当移动光标时，引出的橡皮筋线已不再是起点与十字光标之间的连线，而是起点到十字光标的垂直线中较长的那段线，此时单击鼠标左键，橡皮筋线就变成所绘直线。

3.4
使用对象捕捉功能

在 AutoCAD 中，不仅可以通过输入点的坐标绘制图形，而且还可以使用系统提供的对象捕捉功能捕捉图形对象上的某些特征点，从而快速、精确地绘制图形。对象捕捉模式分为运行捕捉模式和覆盖捕捉模式。

（1）运行捕捉模式指在"草图设置"对话框的"对象捕捉"选项卡中，设置的对象捕捉模式，其始终处于运行状态，直到关闭为止。

（2）覆盖捕捉模式指使用以下 3 种方法启动的对象捕捉模式。

- "对象捕捉"工具栏
- "对象捕捉"快捷菜单
- 命令行输入"对象捕捉"关键字

覆盖捕捉模式，仅对本次捕捉点有效，在命令行中显示一个"于"标记。

3.4.1　打开运行捕捉模式

要打开运行捕捉模式，可在图 3-3 所示的"草图设置"对话框的"对象捕捉"选项卡中，选中"启用对象捕捉"复选框，然后在"对象捕捉模式"选项组中选中相应复选项；也可以利用状态栏上的"对象捕捉"按钮关闭或启用运行捕捉模式。

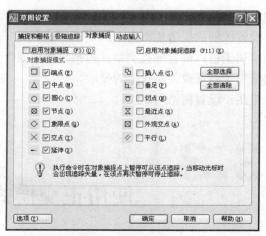

图 3-3　"草图设置"对话框

图 3-3 中常用复选项功能如下。

（1）端点：捕捉直线、圆弧、椭圆线、射线、样条曲线等对象的一个离拾取点最近的端点。

（2）中点：捕捉线段（包括直线和弧线）的中点。

（3）交点：捕捉两个对象（如直线、圆弧和圆等）的交点。如果第一次拾取时选择了一个对象，则系统接着提示用户选择第 2 个对象。

（4）圆心：捕捉圆、圆弧、椭圆、椭圆弧的中心点。

（5）象限点：捕捉圆、圆弧、椭圆、椭圆弧上的象限点。

（6）节点：捕捉点对象。

（7）插入点：捕捉一个块、文本对象或外部引用等的插入点。

（8）垂足：捕捉从预定点到与所选择对象所做垂线的垂足。

（9）切点：捕捉与圆、圆弧、椭圆、椭圆弧及样条曲线相切的切点。

（10）最近点：捕捉在直线、圆、圆弧、椭圆、椭圆弧、射线、样条曲线等对象上离光标最近的点。

在设置对象捕捉模式时，可以同时设置多种对象捕捉模式，如可以同时设置端点、中点、圆心等多种模式。在同时设置多种模式的情况下，AucoCAD 将捕捉离用户指定点最近的模式点。

3.4.2　打开覆盖捕捉模式

可以通过以下 3 种方法调用覆盖捕捉模式。

1.“对象捕捉”工具栏

“对象捕捉”工具栏如图 3-4 所示。在绘图过程中，当系统要求指定点时，单击该工具栏中相应的特征点按钮，再将光标移到要捕捉对象的特征点附近，即可捕捉到所需的点。

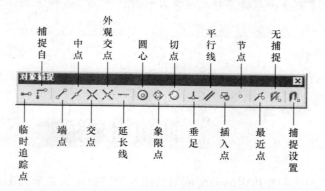

图 3-4　“对象捕捉”工具栏

2.“对象捕捉”快捷菜单

按下 Shift 键或者 Ctrl 键，同时在绘图区任一点单击鼠标右键，即可打开“对象捕捉”快捷菜单，如图 3-5 所示。在该快捷菜单上选择需要的命令选项，将光标移到要捕捉对象的特征点附近，即可捕捉到所需的点。

图 3-5 "对象捕捉"快捷菜单

3. "对象捕捉"关键字

不论当前处于何种对象捕捉模式，当命令提示要求指定点时，输入对象捕捉关键字，如 end（表示端点）、cen（表示圆心）等，则直接启动相应的对象捕捉模式。

启动覆盖捕捉模式后，系统将暂时覆盖运行捕捉模式。待本次捕捉完成后自动恢复运行捕捉模式。

 当对象上有多个符合条件的捕捉目标时，可按 Tab 键来循环选择该对象上的捕捉目标。

3.5

使用对象追踪

自动追踪可以帮助我们按指定的角度或与其他对象的特定关系来确定点的位置，以实现在精确的角度或位置上创建图形对象，非常实用、方便。其分为"极轴追踪"和"对象捕捉追踪"两种。

3.5.1 极 轴 追 踪

"极轴追踪"是按事先给定的角度增量来追踪点。当 AutoCAD 要求指定一个点时，系统将按预先设置的角度增量来显示一条无限延伸的追踪线，可以沿着辅助线追踪得到光标点。单击状态栏上的"极轴"按钮或按 F10 键，可打开或关闭"极轴追踪"。

在默认情况下，"极轴追踪"的角度增量是 90°。也可根据自己的需要另行设置角度增量值，还可以选择不同的角度测量方式。要对"极轴追踪"进行设置，需打开"草图设置"对话框中的"极轴追踪"选项卡，如图 3-6 所示。

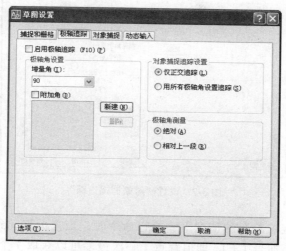

图 3-6　设置"极轴追踪"

选项卡各选项功能如下。

- "启用极轴追踪"复选框用于打开或关闭极轴追踪功能。

- "增量角"下拉列表用于选择极轴夹角的递增值，当极轴夹角为该值倍数时，都将显示追踪线。

- "附加角"复选项用于当"增量角"下拉列表中的角不能满足需要时，先选中该项，然后通过"新建"命令增加特殊的极轴夹角。

3.5.2　对象捕捉追踪

"对象捕捉追踪"是对象捕捉与极轴追踪的综合，是利用已有图形对象上的捕捉点来捕捉其他特征点的又一种快捷作图方法。对象追踪功能常在事先不知具体的追踪方向，但已知图形对象间的某种关系（如正交）的情况下使用。

1．打开和关闭对象捕捉追踪

可以在"草图设置"对话框中的"对象捕捉"选项卡中，选择"启用对象捕捉追踪"复选框；也可以按 F11 键，或单击状态栏上的"对象追踪"按钮来开启或退出"对象捕捉追踪"。

2．使用"对象捕捉追踪"

启用"对象捕捉追踪"之前，应先启用"极轴追踪"和"对象捕捉"，并根据绘图需要设置极轴追踪的增量角、"对象捕捉追踪"的默认捕捉模式，如图 3-7 所示。

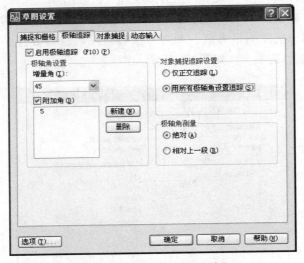

图 3-7　设置"对象捕捉追踪"

在开启"对象捕捉追踪"的情况下，执行命令时，当光标移动到捕捉点上时暂停，已捕捉的点将显示一个小加号（＋），即追踪点（一次最多可以获取 7 个追踪点）。获取了追踪点之后，当在绘图路径上移动光标时，相对于追踪点的水平、垂直或极轴对齐路径将显示出来。

 执行命令中，系统提示指定点时，移动光标到捕捉点上时暂停，接着移动光标以显示对齐路径，然后在命令提示下输入距离，可以在对齐路径上相对捕捉点给定距离处绘制点。

例如，执行下面的命令可绘制如图 3-8 所示的图形。

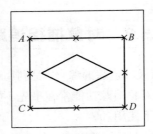

图 3-8　"对象捕捉追踪"绘图

```
命令：_rectang                              //执行绘制矩形命令。
指定第一个角点或 [倒角(C)/标高(E)/
圆角(F)/厚度(T)/宽度(W)]：                    //用光标指定 A 点。
指定另一个角点或 [面积(A)/尺寸(D)/旋转(R)]：    //用光标指定 D 点。
命令：_line 指定第一点：15 ↵                  //执行绘制直线命令，捕捉 AB 边中点，下移光标显示垂
直追踪线，输入距离"15"。
指定下一点或 [放弃(U)]：10 ↵                  //捕捉 BD 边中点，左移光标显示水平追踪线，输入距离"10"。
```

指定下一点或 [放弃(U)]: 15 ↵	//捕捉 *CD* 边中点, 上移光标显示垂直追踪线, 输入距离 "15"。
指定下一点或 [闭合(C)/放弃(U)]: 10 ↵	//捕捉 *AC* 边中点, 右移光标显示水平追踪线, 输入距离 "10"。
指定下一点或 [闭合(C)/放弃(U)]: c ↵	//选择 "闭合(C)" 选项。

3.6 选择对象

在编辑图形时, 首先需要选择被编辑的对象。输入一个图形编辑命令后, 命令行出现 "选择对象:" 提示, 鼠标则变成一正方形拾取框。这时可根据需要反复多次地进行选择, 直至回车结束选择, 转入下一步操作。

为了提高选择的速度和准确性, 系统提供了多种选择对象的方法, 常用的选择方式有以下几种。

1. 点选方式

直接移动拾取框至被选对象上并单击对象, 该对象即被选中, 而被选中的图形对象以虚线高亮显示, 以区别其他图形。可以逐个地拾取所需的对象, 回车则结束对象选择。这是系统默认的选择对象的方法。

2. 窗口方式

通过指定两个角点确定一矩形窗口, 完全包含在窗口内的所有对象被选中, 与窗口相交的对象不在选中之列。

窗口方式选择对象常用下述方法, 在选择对象时首先确定窗口的左侧角点, 再向右拖动定义窗口的右侧角点, 则定义的窗口为选择窗口, 如图 3-9 所示。此时, 只有完全包含在选择窗口中的对象才被选中, 如图 3-10 所示。

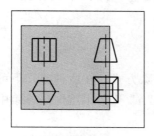

图 3-9　选择窗口

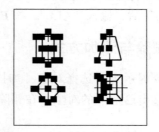

图 3-10　窗口方式选择结果

3. 窗交方式

操作方式类似于窗口方式。不同点在于在窗交方式下, 所有位于矩形窗口之内或者与窗口边界相交的对象都将被选中, 如图 3-11 所示。

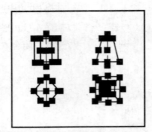

图 3-11　窗交方式选择结果

窗交方式选择对象常用下述方法，在选择对象时，如果首先确定窗口的右侧角点，再向左拖动定义窗口的左侧角点，则定义的窗口为交叉窗口，这种方法是选择对象的通常方法。

　　　　窗口方式与窗交方式在选择方法上的区别是，窗口方式从左向右构成窗口，窗交方式从右向左构成窗口。

4．栏选方式

通过绘制一条开放的穿过被选对象的多段线栅栏来选择对象，凡是与该多段线相交的对象均被选中。

操作步骤如下。

第 1 步，命令提示为"选择对象："时，输入 F，回车。

第 2 步，命令提示为"指定第一个栏选点："时，单击鼠标左键拾取第一点。

第 3 步，命令提示为"指定下一个栏选点或 [放弃(U)]："时，单击鼠标左键拾取第二点。

　　　……

第 n 步，命令提示为"选择对象："时，回车。

5．全部方式

将图形中除冻结、锁定层上的所有对象选中，可以使用全部方式选择对象。当命令提示为"选择对象："时，输入"ALL"，按 Enter 键即可。

6．删除与添加方式

当命令提示为"选择对象："时，输入"R"进入删除方式。在这种方式下可以从当前选择集中移出已选取的对象。在删除方式提示下，输入"A"则可继续向选择集中添加图形对象。

　　　　在"选择对象："提示下输入"?"，系统将显示如下提示信息："窗口(W)/上一个(L)/窗交(C)/框(BOX)/全部(ALL)/栏选(F)/圈围(WP)/圈交(CP)/编组(G)/类(CL)/添加(A)/删除(R)/多个(M)/上一个(P)/放弃(U)/自动(AU)/单个(SI)"，根据提示，可选取相应选择对象方式。

3.7 | 使用动态输入

"动态输入"指在光标附近提供了一个命令界面，这样在视觉不离开绘图区的情况下，了解信息，执行命令。

启用"动态输入"后，工具栏提示将在光标附近显示信息，该信息会随着光标移动而动态更新。当某条命令为活动时，工具栏提示将提供输入的位置，如图 3-12 所示。

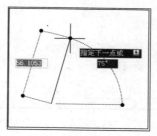

图 3-12　动态输入

3.7.1　启用指针输入

打开"草图设置"对话框，在"动态输入"选项卡（见图 3-13）中，选中"启用指针输入"复选框可以启用指针输入功能。可以在"指针输入"选项区域中单击"设置"按钮，使用打开的"指针输入设置"对话框（见图 3-14）设置指针的格式和可见性。

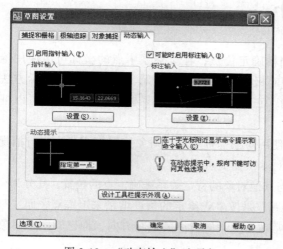

图 3-13　"动态输入"选项卡

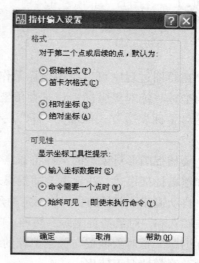

图 3-14　"指针输入设置"对话框

3.7.2 启用标注输入

在"草图设置"对话框的"动态输入"选项卡（见图3-13）中，选中"可能时启用标注输入"复选框可以启用标注输入功能。在"标注输入"选项区域中单击"设置"按钮，使用打开的"标注输入的设置"对话框（见图3-15）可以设置标注的可见性。

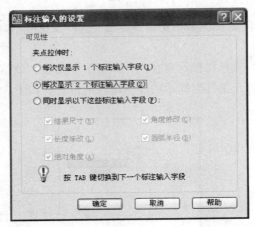

图3-15 "标注输入的设置"对话框

3.7.3 显示动态提示

在"草图设置"对话框的"动态输入"选项卡（见图3-13）中，选中"动态提示"选项区域中的"在十字光标附近显示命令提示和命令输入"复选框，可以启用在光标附近显示命令提示信息。

小 结

在绘图过程中可以使用坐标系作为参照精确定位点，在坐标系中点的坐标可以使用绝对直角坐标、绝对极坐标、相对直角坐标和相对极坐标4种方法表示。相对坐标的表示方法是在绝对坐标表达方式前加上"@"号。利用"正交"、"捕捉"和"栅格"功能，也可以精确定位点。

要捕捉图形对象上的某些特征点，可以使用对象捕捉功能，对象捕捉模式分为运行捕捉模式和覆盖捕捉模式。注意覆盖捕捉模式，仅对本次捕捉点有效。

自动追踪可以帮助我们按指定的角度或与其他对象的特定关系来确定点的位置，其分为"极轴追踪"和"对象捕捉追踪"两种。"极轴追踪"是按事先给定的角度增量来追踪点。而"对象捕捉追踪"是对象捕捉与极轴追踪的综合，常在事先不知具体的追踪方向，但已知图形对象间某种关系的情况下使用。

选择对象操作在绘图中使用非常频繁，为了提高选择的速度和准确性，系统提供了多种选择对象的方法，其中较常用的选择方式有点选方式、窗口方式、窗交方式和栏选方式。

上机练习指导

【练习内容】

合理使用辅助工具绘制如图 3-16 所示的图形。

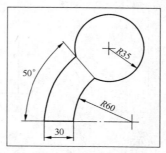

图 3-16　上机练习

【练习指导】

（1）打开"草图设置"对话框中的"极轴追踪"选项卡，设置极轴增量角为 10°，选择"用所有极轴角设置追踪"，启用"极轴追踪"，如图 3-17 所示。

（2）打开"草图设置"对话框中的"对象捕捉"选项卡，设置特征点为端点、圆心和交点，启用"对象捕捉"和"对象捕捉追踪"，如图 3-18 所示。

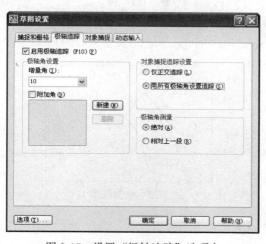

图 3-17　设置"极轴追踪"选项卡

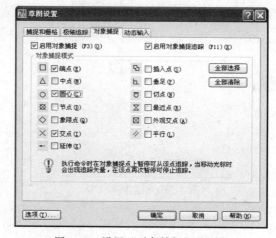

图 3-18　设置"对象捕捉"选项卡

（3）绘制线段 AB，如图 3-19 所示。

```
命令：_line 指定第一点：                          //任取一点。
指定下一点或 [放弃(U)]：@30,0  ↵                //输入相对坐标（30，0）。
指定下一点或 [放弃(U)]：*取消*
```

（4）绘制圆弧 *BC*，如图 3-20 所示。

```
命令：_arc
指定圆弧的起点或 [圆心(C)]：                         //拾取 B 点。
指定圆弧的第二个点或 [圆心(C)/端点(E)]：c ↵          //选择"圆心(C)"选项。
指定圆弧的圆心：@60<0 ↵                             //输入相对极坐标（60<0）。
指定圆弧的端点或 [角度(A)/弦长(L)]：a ↵             //选择"角度(A)"选项。
指定包含角：-50 ↵                                  //输入包含角-50。
```

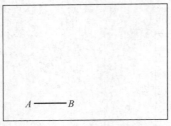

图 3-19　绘制线段 *AB*

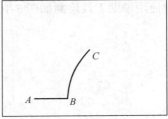

图 3-20　绘制圆弧 *BC*

（5）绘制线段 *CD*，如图 3-21 所示。

```
命令：_line
指定第一点：                                       //拾取 C 点。
指定下一点或 [放弃(U)]：30 ↵                        //移动光标至出现130°追踪线时，输入30。
指定下一点或 [放弃(U)]：*取消*
```

（6）绘制圆弧 *DA*，如图 3-22 所示。

```
命令：_arc
指定圆弧的起点或 [圆心(C)]：                         //拾取 D 点。
指定圆弧的第二个点或 [圆心(C)/端点(E)]：c ↵          //选择"圆心(C)"选项。
指定圆弧的圆心：                                   //捕捉圆弧圆心。
指定圆弧的端点或 [角度(A)/弦长(L)]：               //拾取 A 点。
```

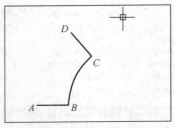

图 3-21　绘制线段 *CD*

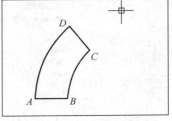

图 3-22　绘制圆弧 *DA*

（7）绘制半径为 35 的圆弧，完成图形绘制，如图 3-23 所示。

```
命令：_arc
指定圆弧的起点或 [圆心(C)]：                         //拾取 C 点。
指定圆弧的第二个点或 [圆心(C)/端点(E)]：e ↵          //选择"端点(E)"选项。
指定圆弧的端点：                                   //拾取 D 点。
指定圆弧的圆心或 [角度(A)/方向(D)/半径(R)]：r ↵      //选择"半径(R)"选项。
指定圆弧的半径：-35 ↵                              //输入圆弧的半径-35。
```

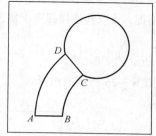

图 3-23　绘制半径为 35 的圆弧

实例训练

【实训内容】

利用辅助工具精确绘图 3-24 所示的图形。

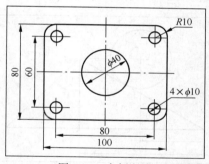

图 3-24　实例训练

【实训要求】

1. 合理使用"捕捉"、"栅格"、"对象捕捉"、"对象追踪"准确定位。
2. 使用绘制圆角矩形方法绘制圆角矩形。
3. 以"实例训练 3.Dwg"保存图形。

习　题

1. AutoCAD 2008 提供的特征点有哪些？
2. 椭圆的特征点有哪些？
3. 坐标的表示方法有哪几种？
4. 如何设置"极轴追踪"的角度增量值？

5. 窗口方式选择对象和窗交方式选择对象有什么不同？

6. 如果设置了太多的自动对象捕捉，导致其他捕捉点干扰真正需要捕捉的特征点的时候，可用什么方法快速找到需要的捕捉点？

7. 利用栅格捕捉绘制如图 3-25 所示的图形。

8. 利用"极轴追踪"功能绘制如图 3-26 所示的图形。

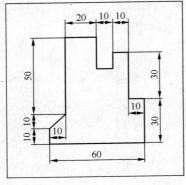

图 3-25

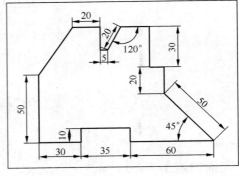

图 3-26

9. 利用"对象捕捉"功能绘制如图 3-27 所示的图形。

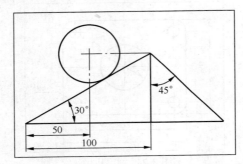

图 3-27

【学习目标】

1. 掌握使用复制、镜像、偏移、移动、阵列、旋转、修剪、圆角、拉伸等命令编辑对象的方法
2. 掌握综合运用多种图形编辑命令绘制图形的方法

4.1 删除与恢复类编辑命令

4.1.1 删 除 命 令

使用"删除"命令，可以删除不再需要的对象。选择"修改"|"删除"命令（ERASE），或在"修改"工具栏中单击"删除"按钮，然后选择要删除的对象，按 Enter 键即可删除已选择的对象。

如果在"选项"对话框的"选择"选项卡中，选中"选择模式"选项组中的"先选择后执行"复选框，就可以先选择对象，然后单击"删除"按钮删除对象。

4.1.2 恢 复 命 令

如果由于误操作而删除了图形对象，可以使用恢复命令（OOPS）恢复误删除的对象。在"标准"工具栏中单击"放弃"按钮或者使用快捷键 CTRL+Z，都可恢复误删除的对象。

4.2 复制类编辑命令

4.2.1 复 制 命 令

使用"复制"命令，可以创建与原有对象相同的图形。选择"修改"|"复制"命令（COPY），或单击"修改"工具栏中的"复制"按钮，选择需要复制的对象，然后指定位移的基点和位移矢量（相对于基点的方向和大小），即可完成复制操作。

 如果在"指定第二个点或[退出(E)/放弃(U)<退出>:"提示信息下，连续指定位移的第二点，可同时创建多个副本，直到按 Enter 键结束复制。

图 4-1 所示的图形，执行如下编辑命令后，结果如图 4-2 所示。

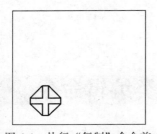

图 4-1 执行"复制"命令前

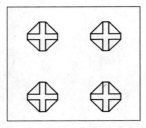

图 4-2 执行"复制"命令后

命令：_copy	//在工具栏上单击"复制"按钮。
选择对象：指定对角点，找到 16 个	//窗口选择所有对象。
选择对象：	//鼠标右键单击。
当前设置：复制模式 = 多个	
指定基点或 [位移(D)/模式(O)] <位移>：	//捕捉左下端点。
指定第二个点或 <使用第一个点作为位移>：@50,0 ↵	//输入第二个点坐标，按 Enter 键。
指定第二个点或 [退出(E)/放弃(U)]<退出>：@50,50 ↵	//输入第三个点坐标，按 Enter 键。
指定第二个点或 [退出(E)/放弃(U)]<退出>：@0,50 ↵	//输入第四个点坐标，按 Enter 键。
指定第二个点或 [退出(E)/放弃(U)]<退出>：↵	//按 Enter 键。

4.2.2 镜 像 命 令

"镜像"命令用来实现对象的对称复制。

选择"修改"|"镜像"命令（MIRROR），或在"修改"工具栏中单击"镜像"按钮，选择要镜像的对象，然后依次指定镜像线上的两个端点，如果直接按 Enter 键，则镜像复制对象，并保留原来的对象；如果输入 Y，则在镜像复制对象的同时删除原对象。

可将对称图形绘制一半后用该命令进行镜像而得到另一半。

图 4-3 所示的图形，执行如下编辑命令后，结果如图 4-4 所示。

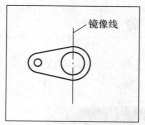

图 4-3 执行"镜像"命令前

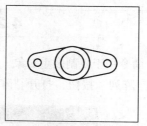

图 4-4 执行"镜像"命令后

命令：_mirror	//在工具栏上单击"镜像"按钮。
选择对象：指定对角点，找到 6 个	//窗口选择所有对象。
选择对象：	//鼠标右键单击。
指定镜像线的第 1 点：	//指定镜像线的第 1 点。
指定镜像线的第 2 点：	//指定镜像线的第 2 点。
要删除源对象吗？[是(Y)/否(N)] <N>：↵	//按 Enter 键。

4.2.3 偏 移 命 令

使用"偏移"命令，可对指定的图形对象进行偏移复制。

选择"修改"|"偏移"命令（OFFSET），或在"修改"工具栏中单击"偏移"按钮，默认情况下，需要指定偏移距离，再选择要偏移复制的对象，然后指定偏移方向，以复制出对象。

图 4-5 所示的图形，执行如下编辑命令后，结果如图 4-6 所示。

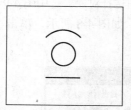

图 4-5 执行"偏移"命令前

图 4-6 执行"偏移"命令后

命令：_offset	//在工具栏上单击"偏移"按钮。
当前设置：删除源=否 图层=源 OFFSETGAPTYPE=0	
指定偏移距离或 [通过(T)/删除(E)/图层(L)] <20.0000>：5 ↵	//输入偏移距离5。
选择要偏移的对象，或 [退出(E)/放弃(U)] <退出>：	//选择圆。
指定要偏移的那一侧上的点，或 [退出(E)/多个(M)/放弃(U)] <退出>：	//在圆对象外侧单击。
选择要偏移的对象，或 [退出(E)/放弃(U)] <退出>：	//选择圆弧。
指定要偏移的那一侧上的点，或 [退出(E)/多个(M)/放弃(U)] <退出>：	//在圆弧对象上侧单击。
选择要偏移的对象，或 [退出(E)/放弃(U)] <退出>：	//选择直线。
指定要偏移的那一侧上的点，或 [退出(E)/多个(M)/放弃(U)] <退出>：	//在直线对象下侧单击。
选择要偏移的对象，或 [退出(E)/放弃(U)] <退出>：↵	//按 Enter 键。

在选择实体时，每次只能选择一个实体。圆弧偏移圆心角相等弧长不同，圆与椭圆偏移同心异径。在实际应用中，常利用"偏移"命令的特性创建平行线或等距离分布图形。

4.2.4 阵 列 命 令

"阵列"命令用于复制多重对象。选择"修改"|"阵列"命令（ARRAY），或在"修改"工具栏中单击"阵列"按钮，打开"阵列"对话框，如图4-7所示。

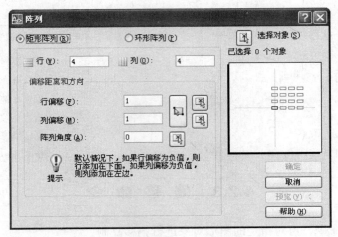

图4-7 "阵列"对话框

在"阵列"对话框中，选择"矩形阵列"（或"环形阵列"）单选按钮，可以以矩形阵列方式（或环形阵列方式）复制对象。

（1）选择"矩形阵列"单选按钮，单击"选择对象"按钮选择对象，选中图4-9中全部对象，设置"行"、"列"、"行偏移"、"列偏移"、"阵列角度"参数，如图4-8所示，单击"确定"按钮即可复制多个对象，如图4-9和图4-10所示。

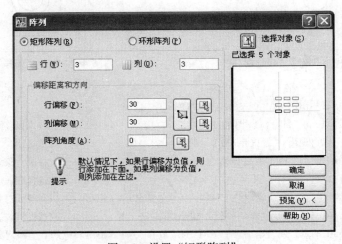

图4-8 设置"矩形阵列"

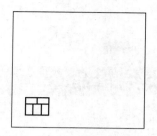

图 4-9　执行"矩形阵列"命令前

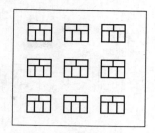

图 4-10　执行"矩形阵列"命令后

（2）选择"环形阵列"单选按钮，单击"选择对象"按钮选择对象，选中图 4-12 中全部对象，设置"中心点"、"项目总数"、"填充角度"等参数，如图 4-11 所示，单击"确定"按钮即可复制多个对象，如图 4-12 和图 4-13 所示。

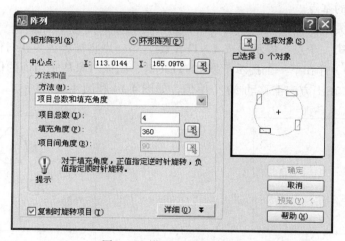

图 4-11　设置"环形阵列"

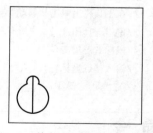

图 4-12　执行"环形阵列"命令前

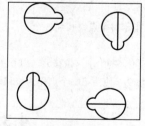

图 4-13　执行"环形阵列"命令后

复制对象的数目包含被复制的源实体。

4.3 改变位置类编辑命令

4.3.1 移 动 命 令

使用移动对象命令可对对象进行重定位，操作步骤如下。

（1）选择"修改"｜"移动"命令（MOVE），或在"修改"工具栏中单击"移动"按钮。

（2）选择要移动的对象。

（3）指定位移的基点。

（4）指定位移矢量。

如果在"指定第二个点"提示下按 ENTER 键，第一点将被解释为相对位移。例如，如果指定基点为（50,50）并在下一个提示下按 ENTER 键，则该对象从它当前的位置开始在 X 方向上移动 50 个单位，在 Y 方向上移动 50 个单位，如图 4-14 和图 4-15 所示。

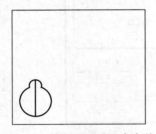

图 4-14　执行"移动"命令前

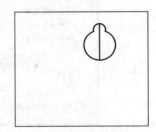

图 4-15　执行"移动"命令后

命令：_move	//在工具栏上单击"移动"按钮。
选择对象：指定对角点，找到 3 个	//窗口选择图 4-14 中所有对象。
选择对象：	//鼠标右键单击。
指定基点或 [位移(D)] <位移>：　50,50　↵	//输入基点坐标。
指定第二个点或 <使用第一个点作为位移>：　↵	//按 Enter 键。

4.3.2 旋 转 命 令

"旋转"命令用于将所选的单个或一组对象在不改变大小的情况下，绕指定的基点旋转一定角度。

选择"修改"｜"旋转"命令（ROTATE），或在"修改"工具栏中单击"修改"按钮，选择要旋转的对象（可以依次选择多个对象），指定旋转的基点，输入希望旋转的角度值，即可将对象绕基点转动该角度。角度为正时逆时针旋转，角度为负时顺时针旋转。

图 4-16 所示的图形，执行如下编辑命令后，结果如图 4-17 所示。

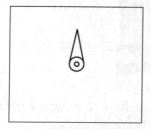

图 4-16 执行"旋转"命令前

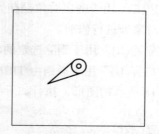

图 4-17 执行"旋转"命令后

```
命令: _rotate                                          //在工具栏上单击"旋转"按钮。
UCS 当前的正角方向:  ANGDIR=逆时针  ANGBASE=0
选择对象: 指定对角点: 找到 4 个                        //窗口选择所有对象。
选择对象:                                              //鼠标右键单击。
指定基点:                                              //指定圆心为基点。
指定旋转角度, 或 [复制(C)/参照(R)] <0>:  120 ↵        //输入旋转角度。
```

如果选择"复制(C)"选项,可在保留原图像不变的情况下,将选定对象的副本旋转一定角度;如果选择"参照(R)"选项,将以参照方式旋转对象,需要依次指定参照方向的角度值和相对于参照方向的角度值。

4.4 改变几何特性类编辑命令

4.4.1 修 剪 命 令

在 AutoCAD 2008 中,"修剪"命令使用频率较高,使用"修剪"命令可以以某一对象为剪切边修剪其他对象。直线、圆弧、圆、椭圆或椭圆弧、多段线、样条曲线、构造线、射线以及文字等都可以作为剪切边的对象。"修剪"命令使用方法如下。

(1)选择"修改"|"修剪"命令(TRIM),或在"修改"工具栏中单击"修剪"按钮。

(2)选择剪切边,可以选择多个对象作为剪切边。

(3)在命令行出现"选择要修剪的对象,或按住 Shift 键选择要延伸的对象,或[栏选(F)/窗交(C)/投影(P)/边(E)/删除(R)/放弃(U)]:"提示信息时,默认情况下,选择要修剪的对象(即选择被剪边),系统将以剪切边为界,将被剪切对象上位于拾取点一侧的部分剪切掉。命令提示信息中其他常用选项的功能如下。

● "按住 Shift 键选择要延伸的对象"用于延伸选定对象而不修剪。这是在不退出"修剪"命令的情况下切换"修剪"命令和"延伸"命令的简便方法。

● "栏选(F)"用于选择与选择栏相交的所有对象。

● "窗交(C)"用于选择矩形区域(由两点确定)内部或与之相交的对象。

- "边(E)"用于确定对象是在另一对象的延长边处进行修剪,还是仅在三维空间中与该对象相交的对象处进行修剪。
- "删除(R)"用于删除选定的对象。无需退出"修剪"命令即可删除不需要的对象。
- "放弃(U)"用于撤销由 TRIM 命令所做的最近一次修改。

图 4-18 所示的图形,执行如下编辑命令后,结果如图 4-19 所示。

命令: _trim	//在工具栏上单击"修剪"按钮。
当前设置:投影=UCS,边=无	
选择剪切边...	
选择对象或 <全部选择>: 找到 1 个	//选择上部直线。
选择对象: 找到 1 个,总计 2 个	//选择下部直线。
选择对象:	//鼠标右键单击。
选择要修剪的对象,或按住 Shift 键选择要延伸的对象, 或[栏选(F)/窗交(C)/投影(P)/边(E)/删除(R)/放弃(U)]:	//选择左侧圆弧。
选择要修剪的对象,或按住 Shift 键选择要延伸的对象, 或[栏选(F)/窗交(C)/投影(P)/边(E)/删除(R)/放弃(U)]:	//选择右侧圆弧。
选择要修剪的对象,或按住 Shift 键选择要延伸的对象, 或[栏选(F)/窗交(C)/投影(P)/边(E)/删除(R)/放弃(U)]: ↵	//按 Enter 键。

同样是图 4-18 所示的图形,如果执行下面的命令,可绘制如图 4-20 所示图形。

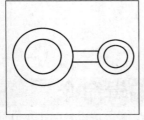

图 4-18 执行"修剪"命令前

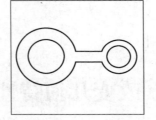

图 4-19 执行"修剪"命令后

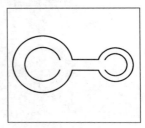

图 4-20 执行"修剪"命令后

命令: _trim	//在工具栏上单击"修剪"按钮。
选择剪切边...	
选择对象或 <全部选择>: 找到 1 个	//选择上部直线。
选择对象: 找到 1 个,总计 2 个	//选择下部直线。
选择对象:	//鼠标右键单击。
选择要修剪的对象,或按住 Shift 键选择要延伸的对象, 或[栏选(F)/窗交(C)/投影(P)/边(E)/删除(R)/放弃(U)]: e ↵	//选择"边(E)"选项。
输入隐含边延伸模式 [延伸(E)/不延伸(N)] <不延伸>: e ↵	//选择"延伸(E)"选项。
选择要修剪的对象,或按住 Shift 键选择要延伸的对象, 或[栏选(F)/窗交(C)/投影(P)/边(E)/删除(R)/放弃(U)]:	//选择左侧圆弧。
选择要修剪的对象,或按住 Shift 键选择要延伸的对象, 或[栏选(F)/窗交(C)/投影(P)/边(E)/删除(R)/放弃(U)]:	//选择右侧圆弧。
选择要修剪的对象,或按住 Shift 键选择要延伸的对象, 或[栏选(F)/窗交(C)/投影(P)/边(E)/删除(R)/放弃(U)]:	//选择左内侧圆。
选择要修剪的对象,或按住 Shift 键选择要延伸的对象, 或[栏选(F)/窗交(C)/投影(P)/边(E)/删除(R)/放弃(U)]:	//选择右内侧圆。
选择要修剪的对象,或按住 Shift 键选择要延伸的对象, 或[栏选(F)/窗交(C)/投影(P)/边(E)/删除(R)/放弃(U)]: ↵	//按 Enter 键

4.4.2 缩 放 命 令

在 AutoCAD 中，可以使用"缩放"命令按比例增大或缩小对象。

选择"修改"|"缩放"命令（SCALE），或在"修改"工具栏中单击"缩放"按钮，首先选择对象，然后指定基点，命令行将显示"指定比例因子或[复制(C)/参照(R)]<1.0000>:"提示信息，此时，可选择缩放方式。

（1）如果使用比例缩放，可直接指定缩放的比例因子（比例因子大于 0 而小于 1 时缩小对象，比例因子大于 1 时放大对象），即可将对象按指定的比例因子相对于基点进行尺寸缩放。图 4-21 所示的图形，执行如下编辑命令后，结果如图 4-22 所示。

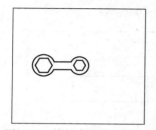

图 4-21　执行"缩放"命令前

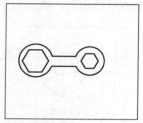

图 4-22　执行"缩放"命令后（比例）

命令: _scale	//在工具栏上单击"缩放"按钮。
选择对象: 指定对角点: 找到 6 个	//窗口选择所有对象。
选择对象:	//鼠标右键单击。
指定基点:	//选择左侧圆心。
指定比例因子或 [复制(C)/参照(R)] <0.5000>: 1.5 ↵	//输入比例因子。

（2）如果选择"参照(R)"选项，对象将按参照的方式缩放。需要依次输入参照长度的值和新的长度值，AutoCAD 根据参照长度与新长度的值自动计算比例因子（比例因子=新长度值/参照长度值），然后按比例进行缩放。图 4-23 所示的图形，执行如下编辑命令后，结果如图 4-24所示。

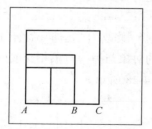

图 4-23　执行"缩放"命令前

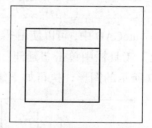

图 4-24　执行"缩放"命令后（参照）

命令: _scale	//在工具栏上单击"缩放"按钮。
选择对象: 指定对角点: 找到 3 个	//窗口选择所有对象。
选择对象:	//鼠标右键单击。
指定基点:	//指定 A 点。
指定比例因子或 [复制(C)/参照(R)] <1.5000>: r ↵	//选择"参照(R)"选项。
指定参照长度 <1.0000>:	//指定图 4-23 中 A 点。
指定第 2 点:	//指定图 4-23 中 B 点。
指定新的长度或 [点(P)] <1.0000>:	//指定图 4-23 中 C 点。

通过基点的线只改变长度，不通过基点的线既改变长度，也改变相对基点的距离。

4.4.3 拉伸与延伸

（1）"拉伸"命令拉长或缩短直线段、圆弧段等对象。选择"修改"|"拉伸"命令（STRETCH），或在"修改"工具栏中单击"拉伸"按钮，用交叉窗口或交叉多边形方法选择要拉伸的对象，指定基点，给定位移，即可完成拉伸操作。

图 4-25 所示的图形，执行如下编辑命令后，结果如图 4-26 所示。

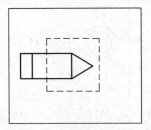

图 4-25 执行"拉伸"命令前

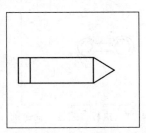

图 4-26 执行"拉伸"命令后

命令：_stretch	//在工具栏上单击"拉伸"按钮。
以交叉窗口或交叉多边形选择要拉伸的对象...	
选择对象： 指定对角点：找到 5 个	//用交叉窗口选择对象，如图 4-25 所示。
选择对象：	//鼠标右键单击。
指定基点或 [位移(D)] <位移>：	//指定图形左下端点。
指定第二个点或 <使用第一个点作为位移>： @20,0 ↵	//输入第二个点。

拉伸单个选定的对象和通过交叉选择完全封闭的对象的结果是移动。

（2）在 AutoCAD 中，可以使用"延伸"命令拉长对象。选择"修改"|"延伸"命令（EXTEND），或在"修改"工具栏中单击"延伸"按钮，可以延长指定的对象与另一对象相交或外观相交。

图 4-27 所示的图形，执行如下编辑命令后，结果如图 4-28 所示。

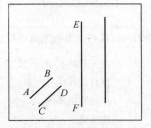

图 4-27 执行"延伸"命令前

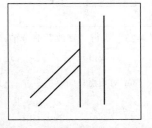

图 4-28 执行"延伸"命令后

命令：_extend	//在工具栏上单击"延伸"按钮。
当前设置：投影=UCS，边=无	

选择边界的边...

选择对象或 <全部选择>: 找到 1 个	//选择 EF。
选择对象:	//鼠标右键单击。
选择要延伸的对象，或按住 Shift 键选择要修剪的对象， 或[栏选(F)/窗交(C)/投影(P)/边(E)/放弃(U)]:	//选择 AB。
选择要延伸的对象，或按住 Shift 键选择要修剪的对象， 或[栏选(F)/窗交(C)/投影(P)/边(E)/放弃(U)]:	//选择 CD。
选择要延伸的对象，或按住 Shift 键选择要修剪的对象， 或[栏选(F)/窗交(C)/投影(P)/边(E)/放弃(U)]: ↵	//按 Enter 键。

4.4.4　倒　角

可以使用"倒角"命令修改对象使其以平角相接，操作步骤如下。

（1）选择"修改"|"倒角"命令（CHAMFER），或在"修改"工具栏中单击"倒角"按钮。

（2）指定倒角距离。

（3）选择第一条直线。

（4）选择第二条直线。

图 4-29 所示的图形，执行如下编辑命令后，结果如图 4-30 所示。

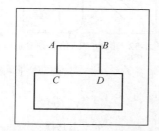

图 4-29　执行"倒角"命令前

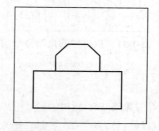

图 4-30　执行"倒角"命令后

命令：_chamfer	//在工具栏上单击"倒角"按钮。
（"修剪"模式）当前倒角距离 1 = 0.0000，距离 2 = 0.0000	
选择第一条直线或 [放弃(U)/多段线(P)/距离(D)/ 角度(A)/修剪(T)/方式(E)/多个(M)]: d ↵	//选择"距离(D)"选项。
指定第一个倒角距离 <0.0000>: 10 ↵	//输入第一个倒角距离。
指定第二个倒角距离 <10.0000>: 10 ↵	//输入第二个倒角距离。
选择第一条直线或 [放弃(U)/多段线(P)/距离(D)/ 角度(A)/修剪(T)/方式(E)/多个(M)]: m ↵	//选择"多个(M)"选项。
选择第一条直线或 [放弃(U)/多段线(P)/距离(D)/ 角度(A)/修剪(T)/方式(E)/多个(M)]:	//选择图 4-29 中的 AC 边。
选择第二条直线，或按住 Shift 键选择要应用角点的直线:	//选择图 4-29 中的 AB 边。
选择第一条直线或 [放弃(U)/多段线(P)/距离(D)/ 角度(A)/修剪(T)/方式(E)/多个(M)]:	//选择图 4-29 中的 AB 边。
选择第二条直线，或按住 Shift 键选择要应用角点的直线:	//选择图 4-29 中的 BD 边。
选择第一条直线或 [放弃(U)/多段线(P)/距离(D)/ 角度(A)/修剪(T)/方式(E)/多个(M)]: ↵	//按 Enter 键。

当线段长度小于倒角距离时，或者两条直线平行发散，不能倒角。

4.4.5 圆　　角

要用与对象相切并且具有指定半径的圆弧连接两个对象，可以使用"圆角"命令。使用方法如下。

（1）选择"修改"|"圆角"命令（FILLET），或在"修改"工具栏中单击"圆角"按钮。

（2）设置圆角半径。

（3）选择第一个对象。

（4）选择第二个对象。

图 4-31 所示的图形，执行如下编辑命令后，结果如图 4-32 所示。

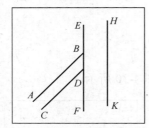

图 4-31　执行"圆角"命令前

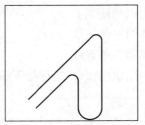

图 4-32　执行"圆角"命令后

```
命令：_fillet                                        //在工具栏上单击"圆角"按钮。
当前设置：  模式 = 修剪，半径 = 0.0000
选择第一个对象或 [放弃(U)/多段线(P)/
半径(R)/修剪(T)/多个(M)]：r ↵                        //选择"半径(R)"选项。
指定圆角半径 <0.0000>：5 ↵                           //输入圆角半径。
选择第一个对象或 [放弃(U)/多段线(P)/半径(R)/修剪(T)/多个(M)]：m ↵     //选择"多个(M)"选项。
选择第一个对象或 [放弃(U)/多段线(P)/半径(R)/修剪(T)/多个(M)]：        //选择图 4-31 中 CD 边。
选择第二个对象，或按住 Shift 键选择要应用角点的对象：                //选择图 4-31 中 EF 边。
选择第一个对象或 [放弃(U)/多段线(P)/半径(R)/修剪(T)/多个(M)]：        //选择图 4-31 中 AB 边。
选择第二个对象，或按住 Shift 键选择要应用角点的对象：                //选择图 4-31 中 HK 边。
选择第一个对象或 [放弃(U)/多段线(P)/半径(R)/修剪(T)/多个(M)]：        //图 4-31 中选择 EF 边。
选择第二个对象，或按住 Shift 键选择要应用角点的对象：                //选择图 4-31 中 HK 边。
选择第一个对象或 [放弃(U)/多段线(P)/半径(R)/修剪(T)/多个(M)]：↵      //按 Enter 键。
```

若圆角半径设定为零时，则不平行的两条直线会自动准确相交。平行线间倒圆角，其半径自动设为线距的一半。若圆角半径过大，则不能执行圆角处理。

4.4.6 打　　断

要部分删除对象或把对象分解成两部分，可使用"打断"命令。

选择"修改"|"打断"命令（BREAK），或在"修改"工具栏中单击"打断"按钮，选择

需要打断的对象和打断点，即可部分删除对象或把对象分解成两部分。

　　注意对于类似圆的闭合对象，删除会按逆时针方向从第一个打断点到第二个打断点进行；若要将对象一分为二而不删除某个部分，输入的第一个点和第二个点应相同，可通过输入@指定第二个点。

　　图 4-33 所示的图形，执行如下编辑命令后，结果如图 4-34 所示。

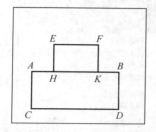

图 4-33　执行"打断"命令前

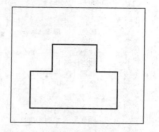

图 4-34　执行"打断"命令后

命令：_break 选择对象：	//在工具栏上单击"打断"按钮，选择图 4-33 中矩形 EFHK。
指定第二个打断点 或 [第一点(F)]：f ↵	//选择"第一点(F)"选项。
指定第一个打断点：	//选择图 4-33 中 H 点。
指定第二个打断点：	//选择图 4-33 中 K 点。
命令：　↵	//按 Enter 键。
BREAK 选择对象：	//选择图 4-33 中矩形 ABCD。
指定第二个打断点 或 [第一点(F)]：f ↵	//选择"第一点(F)"选项。
指定第一个打断点：	//选择图 4-33 中 H 点。
指定第二个打断点：	//选择图 4-33 中 K 点。

　　要打断直线、圆弧或多段线的一端，可以在要删除的一端附近指定第二个打断点。

4.4.7　分　　解

　　对于矩形、块等由多个对象组成的组合对象，如果需要对单个成员进行编辑，就需要先将它分解开。选择"修改"|"分解"命令（EXPLODE），或在"修改"工具栏中单击"分解"按钮，选择需要分解的对象后按 Enter 键，即可完成分解图形操作。

4.5
编辑对象特性

　　对象特性包含一般特性和几何特性，一般特性包括对象的颜色、线型、图层及线宽等，几何特性包括对象的尺寸和位置。这些对象特性都可以直接在"特性"选项板中设置和修改。

　　选择"修改"|"特性"命令或在"标准"工具栏中单击"特性"按钮，都可打开"特性"选项板。未选择对象的情况下"特性"选项板如图 4-35 所示。

"特性"选项板默认处于浮动状态。在"特性"选项板的标题栏上单击鼠标右键，将弹出一个快捷菜单，如图 4-36 所示。可通过该快捷菜单确定是否隐藏选项板、是否在选项板内显示特性的说明部分以及是否将选项板锁定在主窗口中。

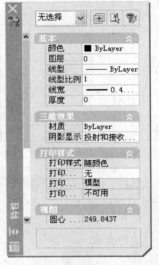

图 4-35　"特性"选项板

图 4-36　快捷菜单

"特性"选项板可执行以下操作。

- 如果未选定对象，"特性"选项板将显示当前默认的特性设置，可以为所有后续创建的对象设置默认特性。
- 选择一个对象时，"特性"选项板将显示该对象的特性，如图 4-37 所示。可单击某些值通过输入等方式指定新值以修改其特性，图 4-38 所示为使用快速计算器为圆对象设置半径。

图 4-37　"特性"选项板

图 4-38　快速计算器

- 选择多个对象时，"特性"选项板将显示他们的所有共有特性，可以修改其共有特性。

4.6 夹点编辑

4.6.1 夹 点

　　夹点是对象上的控制点，又称为"特征点"，默认情况下，夹点始终是打开的。当选择对象时，在对象上显示出若干个小方框，这些小方框就是用来标记对象被选中的夹点，如图4-39所示。

　　利用夹点可以很方便地完成一些常用的编辑操作，例如：拉伸、移动、旋转、缩放和镜像。使用夹点进行编辑，需要先选择1个夹点作为基点，称为基夹点，被选中的夹点呈红色，称为热点，未被选中的夹点呈蓝色，称为冷点，如图4-40所示。

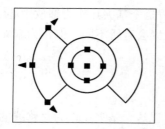

图 4-39　夹点

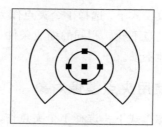

图 4-40　基夹点

4.6.2 夹 点 编 辑

　　当选中1个夹点后，命令行提示如下所示，通过回车或空格进行切换，选择要进行的编辑操作即可。

```
** 拉伸 **
指定拉伸点或 [基点(B)/复制(C)/放弃(U)/退出(X)]：
** 移动 **
指定移动点或 [基点(B)/复制(C)/放弃(U)/退出(X)]：
** 旋转 **
指定旋转角度或 [基点(B)/复制(C)/放弃(U)/参照(R)/退出(X)]：
** 比例缩放 **
指定比例因子或 [基点(B)/复制(C)/放弃(U)/参照(R)/退出(X)]：
** 镜像 **
指定第二点或 [基点(B)/复制(C)/放弃(U)/退出(X)]：
```

　　也可以在绘图区中选择好基点后，单击鼠标右键，在弹出的快捷菜单中选择要进行的编辑操作，如图4-41所示。

1. 使用夹点拉伸对象

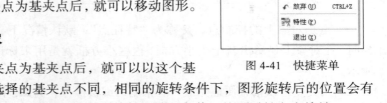

在拉伸模式下，当选择的基夹点为直线两端的夹点时，可以进行拉长或缩短，若选择的基夹点为线段的中点，则只能移动直线。当选择圆的 4 个象限点中的 1 个为基夹点时，可以将圆放大或者缩小，若选择圆的中心为基夹点时，只能移动圆。

2. 使用夹点移动对象

在移动模式下，选择 1 个夹点为基夹点后，就可以移动图形。

3. 使用夹点旋转对象

图 4-41　快捷菜单

在旋转模式下，选择 1 个夹点为基夹点后，就可以以这个基夹点作为旋转中心旋转图形。选择的基夹点不同，相同的旋转条件下，图形旋转后的位置会有所不同。默认情况下输入正值角度，按逆时针方向旋转，输入负值，按顺时针方向旋转。

4. 使用夹点缩放对象

在缩放模式下，选择 1 个夹点作为基夹点后，就可以以这个基夹点作为缩放中心缩放图形。选择的基夹点不同，相同的缩放条件下，图形缩放后的位置会有所不同，但作为基夹点的夹点位置将原地不动。

5. 使用夹点镜像对象

在镜像模式下，选择 1 个夹点作为基夹点后，就可以以这个基夹点作为对称线的第 1 点，再指定另一个点即可进行镜像操作。在默认情况下，原图将会被删除，如果要保留原图，必须使用"复制"选项来镜像图形。

小　结

本章介绍了编辑二维图形对象时常用的复制类编辑命令、改变位置类编辑命令、改变几何特性类编辑命令，这些命令是编辑图形的基础，是提高绘图速度和效率的主要途径，也是计算机绘图优于手工绘图的真正体现。

通过本章的学习，要熟练掌握这些命令，灵活使用这些命令，以降低绘图难度，提高绘图效率。使用这些命令时要注意以下问题。

1. 绘制直线等图形对象时，不一定一次绘制到位，可通过延伸命令和修剪命令来修改。

2. 通过合理的设置倒角距离和圆角半径能够很快实现圆角和倒角的绘制，使用时注意首先设置圆角半径或倒角距离。

3. 绘制具有重复及对称特征图形时，尽量使用复制、镜像、旋转、阵列等编辑命令，这些命令各有特点，注意分析比较。

4. 大多数命令都提供了其他选项，合理使用这些选项，可有效提高绘图效率。

上机练习指导

【练习内容】

1. 练习使用复制类编辑命令。

2. 练习使用改变几何特性类编辑命令。

【练习指导】

1. 练习使用复制类编辑命令。

（1）执行"直线"命令，起点任意，第二点坐标（20，0），绘制直线。

（2）执行"偏移"命令，偏移距离设置为5，依次向上方偏移4次。

（3）执行"直线"命令，过顶部直线左端点和底部直线右端点绘制倾斜直线。绘制结果如图 4-42（a）所示。

（4）执行"阵列"命令，打开阵列对话框。

① 选择"环形阵列"。

② 单击"选择对象"按钮，选择所有已绘制的直线对象。

③ 单击"拾取中心点"按钮，用鼠标拾取顶部直线右侧端点为中心点。

④ "项目总数"设置为4。

⑤ "填充角度"设置为360。

⑥ 选择"复制时旋转项目"选项。

⑦ 单击"确定"。绘制结果如图4-42（b）所示。

（5）执行"阵列"命令，打开阵列对话框。

① 选择"环形阵列"。

② 单击"选择对象"按钮，选择所有已绘制的直线对象。

③ 单击"拾取中心点"按钮，用鼠标拾取顶部直线右侧端点中心点。

④ "项目总数"设置为4。

⑤ "填充角度"设置为360。

⑥ 选择"复制时旋转项目"选项。

⑦ 单击"确定"。绘制结果如图 4-42（c）所示。

（6）执行"镜像"命令。

① 选择所有已绘制的直线对象。

② 指定通过顶部右侧直线端点的垂直镜像线。

③ 按 Enter 键，执行镜像命令。

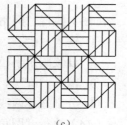

（a）　　（b）　　（c）

图 4-42　执行"阵列"命令

（7）执行"矩形"绘制命令，拾取左下和右上端点，绘制矩形。绘制结果如图 4-43 所示。

2. 练习使用改变几何特性类编辑命令。

（1）执行绘制"圆"命令，圆心位置任意，半径为"10"。

（2）执行"偏移"命令，指定偏移距离为"10"，在圆外侧单击，完成偏移操作。

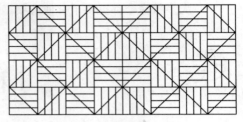

图 4-43 复制类编辑命令练习

（3）执行"偏移"命令，指定偏移距离为"20"，在圆外侧单击，完成偏移操作。

（4）执行"偏移"命令，指定偏移距离为"50"，在圆外侧单击，完成偏移操作。

（5）执行"偏移"命令，指定偏移距离为"10"，在圆外侧单击，完成偏移操作。

（6）打开正交，执行绘制"射线"命令，绘制一条通过圆心的水平射线。

（7）执行"旋转"命令。

① 选择射线对象。

② 指定圆心为基点。

③ 输入"C"（创建射线的副本）。

④ 指定旋转角度"30"，完成旋转操作。

（8）执行"偏移"命令，指定偏移距离为"5"，在水平射线上方单击，完成偏移水平射线操作。

（9）执行"偏移"命令，指定偏移距离为"5"，在倾斜射线下方单击，完成偏移倾斜射线操作。绘制结果如图 4-44 所示。

（10）执行"删除"命令，删除经过圆心两条射线。

（11）执行"修剪"命令，选择两条射线为修剪边，修剪两半径为"40"和"90"的圆。

（12）执行"修剪"命令，选择两半径为"40"和"90"的圆弧为修剪边，修剪两条射线。绘制结果如图 4-45 所示。

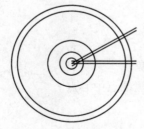

图 4-44 偏移

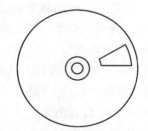

图 4-45 修剪

（13）执行"圆角"命令。

① 输入"r"。

② 设置圆角半径为"10"。

③ 输入"m"。

④ 分别选择两线段与半径为"90"的圆弧，执行圆角操作。

（14）执行"圆角"命令。

① 输入"r"。

② 设置圆角半径为"5"。

③ 输入"m"。

④ 分别选择两线段与半径为"40"的圆弧,执行圆角操作。绘制结果如图4-46所示。

(15)执行"阵列"命令,打开阵列对话框。

① 选择"环形阵列"。

② 单击"选择对象"按钮,利用窗口选择圆角多边形对象。

③ 单击"拾取中心点"按钮,用鼠标拾取圆心。

④ "项目总数"设置为12。

⑤ "填充角度"设置为360。

⑥ 选择"复制时旋转项目"选项。

⑦ 单击"确定"。完成绘制操作。绘制结果如图4-47所示。

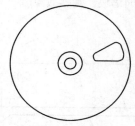

图4-46　圆角

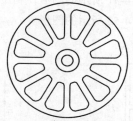

图4-47　改变几何特性类编辑命令练习

实例训练

【实训内容】

绘制图4-48所示的网套叶片。

【实训要求】

(1)用两种方法绘制。

(2)合理选择编辑方法,提高绘图效率。

(3)以"实例训练4.dwg"为文件名保存文件。

图4-48　网套叶片

习　题

1. 分析总结"偏移"命令与"移动"命令的区别。

2. 利用 AutoCAD 帮助系统,总结在使用"镜像"命令中控制文字镜像方向的方法。

3. 使用"拉伸"命令时应注意哪些问题?

4. 总结"缩放"命令中按参照方式缩放的技巧。

5. 利用"修剪"命令对图 4-49 进行操作，以实现图 4-50 所示效果。

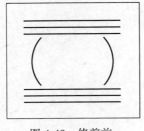

图 4-49　修剪前

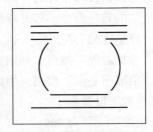

图 4-50　修剪后

6. 绘制图 4-51 所示的图形，利用"缩放"命令沿不同方向缩放，观察效果。

7. 绘制图 4-52 所示的图形。

图 4-51　缩放练习

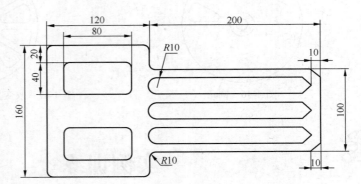

图 4-52　绘图编辑练习

8. 绘制图 4-53 所示的散热片外形图。

9. 综合利用编辑命令绘制图 4-54 所示的直齿轮平面图。

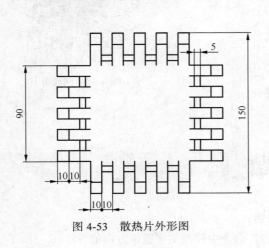

图 4-53　散热片外形图

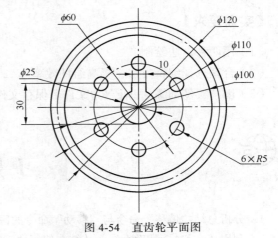

图 4-54　直齿轮平面图

第**5**章

工程制图基础

【学习目标】

1. 正确了解和掌握国家标准技术制图的有关规定
2. 掌握尺寸标注的方法
3. 掌握几何作图的基本方法
4. 掌握平面图形的分析与绘制方法

5.1 制图的国家标准

5.1.1 图纸幅面及格式

1. 图纸幅面尺寸

为了合理地利用幅面和便于图样管理，绘制图样时，应优先选用表 5-1 中规定的图纸幅面尺寸，必要时可以沿长边加长。这些幅面的尺寸是由基本幅面的短边成整数倍增加后得出，如图 5-1 所示，图中虚线为加长后的图纸幅面。

表 5-1　　　　　　　　　　　　　　　图纸幅面尺寸　　　　　　　　　　　　　　（单位：mm）

幅面代号	$B \times L$	a	c	e
A0	841×1 189			20
A1	594×841		10	20
A2	420×594	25	10	
A3	297×420		5	10
A4	210×297		5	10

在 CAD 工程制图时图纸幅面和格式也遵照此标准。

2. 图框格式

在图纸上必须用粗实线画出图框，其格式分为留装订边和不留装订边两种。同一产品的图样必须采用同一种图框格式。要装订的图样，其图框的格式如图 5-2 所示，有横装与竖装之分，尺寸按表 5-1 的规定。不留装订边的图样，其图框格式如图 5-3 所示。

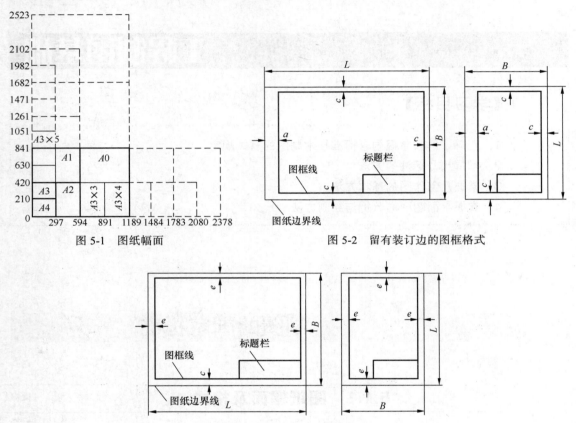

图 5-1　图纸幅面　　　　　　　　　　图 5-2　留有装订边的图框格式

图 5-3　不留装订边的图框格式

3. 标题栏

在每张图纸的右下角一般应画出标题栏，其格式和尺寸要遵守国家标准的规定。在制图作业中建议采用图 5-4 所示的格式，标题栏的外框为粗实线，右边线和底边线与图框重合。标题栏的位置一经确定，看图的方向也就确定了。

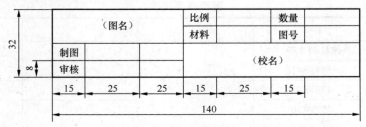

图 5-4　标题栏的格式

5.1.2 比　　例

比例是图中图形与其实物相应要素的线性尺寸之比。绘制图样时，可选用表 5-2 中规定的比例。当机件很大时，可选用放大比例绘制，一般应优先选用 1:1 的比例，绘制同一个机件各个视图若采用相同的比例须填写在标题栏中比例一栏内。当视图采用不同比例时，必须在视图名称的下方或右侧标注比例。当图形中的孔的直径或薄片的厚度小于或等于 2mm，斜度和锥度较小时，可不按比例而夸大画出。

表 5-2　　　　　　　　　　　　　　　　比例

种　类	比　例
原值比例	$1:1$
缩小比例	$1:2$　$1:5$　$1:1\times10^n$　$1:2\times10^n$　$1:5\times10^n$ $(1:1.5)$　$(1:2.5)$　$(1:3)$　$(1:4)$　$(1:6)$　$(1:1.5\times10^n)$ $(1:2.5\times10^n)$　$(1:3\times10^n)$　$(1:4\times10^n)$　$(1:6\times10^n)$
放大比例	$2:1$　$5:1$　$1\times10^n:1$　$2\times10^n:1$　$5\times10^n:1$ $(4:1)$　$(2.5:1)$　$(4\times10^n:1)$　$(2.5\times10^n:1)$

注：n 为正整数，优先选用非括号内的比例。

绘图时不论采用何种比例，图样中所注的尺寸数值必须是实物的实际大小，与图形的比例无关。

5.1.3 字　　体

1. 国标中的规定

在图样中使用的汉字、数字和字母，无论手写，还是输入，都必须做到"字体工整、笔画清楚、间隔均匀、排列整齐"。

（1）字高：字体的高度即字体的号数，大小分为 1.8、2.5、3.5、5、7、10、14、20 8 种号数。

（2）汉字：汉字应写成长仿宋字，并应采用国家正式公布的简化字。汉字的高度不应小于 3.5，其字宽一般为 $2h/3$。

（3）数字和字母：数字和字母分 A 型和 B 型。A 型字体的笔画宽度为字高的十四分之一，B 型字体的笔画宽度为字高的十分之一。在同一图样上，应采用一种型式的字体。用作指数、分数、极限偏差等的数字及字母，一般采用小一号字体。

2. 计算机绘图的字体规定

（1）数字、字母一般应斜体输出。

（2）汉字输出时一般采用正体，并采用国家正式公布和推行的简化字。

（3）字体与图幅之间的选用关系，见表 5-3 所示。

表 5-3		字体与图幅的选用关系				（单位：mm）
图 幅 字体 h	A0	A1	A2	A3	A4
汉 字	7	5	3.5	3.5	3.5
字母与数字	5	5	3.5	3.5	3.5

3．在 AutoCAD 中输入文字

（1）设置文字样式。选择"格式"|"文字样式"命令（STYLE），或在"样式"工具栏中单击"文字样式"按钮，打开"文字样式"对话框，如图 5-5 所示。

单击"新建"按钮，打开"新建文字样式"对话框，输入样式名称，如图 5-6 所示。

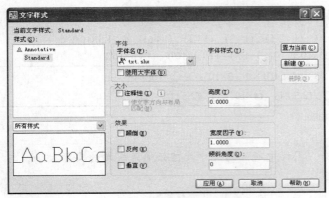

图 5-5　"文字样式"对话框　　　　　　图 5-6　"新建文字样式"对话框

单击"确定"按钮，返回"文字样式"对话框，按图 5-7 所示进行设置，完成后关闭对话框即可。

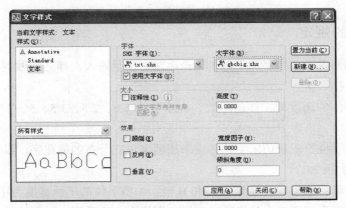

图 5-7　"文字样式"对话框

（2）输入单行文本。在"样式"工具栏选择"文本"样式，选择"绘图"|"文字"|"单行文字"命令（DTEXT），或在"文字"工具栏中单击"单行文字"按钮，启动单行文字输入命令，命令提示如下。

```
命令：_dtext
当前文字样式："文本"  文字高度：3.5000  注释性：否
指定文字的起点或 [对正(J)/样式(S)]：                    //鼠标指定文字的起点。
```

| 指定高度 <3.5000>: 10 ↵ | //指定文字的高度"10"。 |
| 指定文字的旋转角度 <0>: ↵ | //指定文字的旋转角度"0"。 |

在指定位置输入文字内容后，按 Enter 键退出文本输入命令。

（3）输入多行文本。选择"绘图"|"文字"|"多行文字"命令（MTEXT），或在"绘图"工具栏中单击"多行文字"按钮，启动多行文字输入命令。按照提示指定文字输入区域后，在打开的"文字格式"工具栏（如图 5-8 所示）中设置文字格式。输入文字完成后，单击"确定"按钮即可。

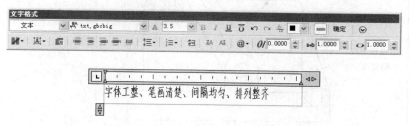

图 5-8 "文字格式"工具栏

5.1.4 图 线

绘制图样时，应采用国标中所规定的图线。常用图线有粗实线、细实线、波浪线、双折线、虚线、细点画线、双点画线等，见表 5-4 所示。

表 5-4 常用线形

图 线 名 称	型 式	宽 度	主 要 用 途
粗实线		b（0.5～2mm）	可见轮廓线
细实线		约 $b/2$	尺寸线、尺寸界线、剖面线、引出线等
虚线		约 $b/2$	不可见轮廓线
细点画线		约 $b/2$	轴线、对称中心线
粗点画线		B	有特殊要求的线或表面的表示线
双点画线		约 $b/2$	假想投影的轮廓线
双折线		约 $b/2$	断裂处的边界线
波浪线		约 $b/2$	断裂处的边界线、视图和剖视图的分界线

（1）同一图样中，同类图线的宽度应一致，虚线、点画线及双点画线的线段长度和间隔应大致相等。

（2）两条平行线之间的距离应不小于粗实线的两倍，最小间距不小于 0.7mm。

（3）绘制圆的对称中心线时，点画线两端应超出圆的轮廓线 2～5mm。

（4）在较小的图形上绘制点画线有困难时可采用细实线代替。

（5）当有两种或更多的图线重合时，通常按图线所表达对象的重要程度优先选择绘制顺序：可见轮廓线—不可见轮廓线—尺寸线—各种用途的细实线—轴线和对称中心线—假想线。

图线的应用示例如图 5-9 所示。

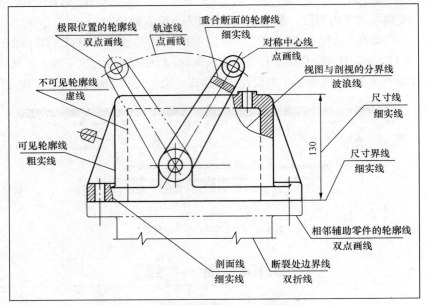

图 5-9　图线的应用示例

5.1.5　尺寸标注

图样中除了用图形表达形体的结构形状外，还需标注尺寸，以确定零件的大小。为了便于交流，国家标准 GB/T4458.4—2003 对尺寸标注的基本方法做了一系列规定，在绘图过程中要严格按照这些规定标注尺寸。

1．基本规则

（1）尺寸数值代表零件的真实大小，与绘图比例及绘图的准确度无关。

（2）图样中的尺寸以毫米为单位时，可省略标注尺寸单位，如采用其他单位时，则必须注明单位名称。

（3）图中所注尺寸应为零件完工后的尺寸，否则需另加说明。

（4）每个尺寸一般只标注一次，并应标注在最能清晰地反映该结构特征的视图上。

2．尺寸要素

一个完整的尺寸标注，是由尺寸界线、尺寸线、尺寸终端和尺寸数字组成，如图 5-10 所示。

（1）尺寸界限。尺寸界限表示所注尺寸的范围，一般用细实线绘制，也可用轴线、中心线和轮廓线作为尺寸界限。除非必要时才允许倾斜，一般情况下尺寸界限应与尺寸线垂直。

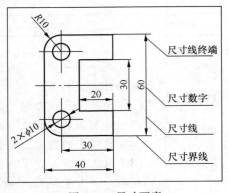

图 5-10　尺寸要素

（2）尺寸线。尺寸线表示度量尺寸的方向，必须用细实线单独绘制，不得由其他任何线代替，也不能绘制在其他图线的延长线上。

线性尺寸的尺寸线应与所标注的线段平行。相互平行的尺寸线，要注意大尺寸放在外侧，小尺寸放在内侧，尽量避免尺寸界线与尺寸线相交。

（3）尺寸线终端。尺寸线终端有箭头和斜线两种形式。机械图形中一般采用箭头作为尺寸线的终端，箭头的尖端与尺寸界线接触，箭头大小要一致。建筑制图中常采用斜线形式，当尺寸线的终端采用斜线形式时，尺寸线与尺寸界线必须相互垂直。注意同一张图样中，应该采用一种尺寸线终端形式。

（4）尺寸数字。线性尺寸数字一般注写在尺寸线的上方，或者注写在尺寸线的中断处，当空间不够时，可引出标注。要注意尺寸数字不能被任何图线通过，如果不能避免，可将该图线断开。

3. 尺寸注法

（1）线性尺寸的注法。线性尺寸数字的方向一般应按图 5-11（a）所示的方向标注，并尽可能避免在图示 30°范围内标注，若无法避免时，可按图 5-11（b）的形式标注。注在中断处的尺寸数字应该水平书写，如图 5-11（c）所示。

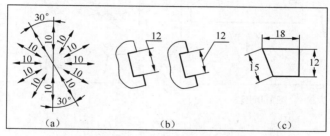

图 5-11　线性尺寸的注法

（2）角度尺寸的注法。尺寸界线应沿径向引出，尺寸线画成圆弧，圆心是角的顶点，尺寸数字应水平书写，一般注在尺寸线的中断处，角度较小时也可用引线引出标注，如图 5-12 所示。

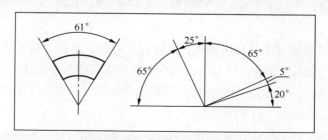

图 5-12　角度尺寸的注法

（3）圆和圆弧尺寸注法。圆或大于半圆的圆弧，应标注直径，尺寸线要通过圆心，以圆周为尺寸界线，尺寸数字前加注直径符号"ϕ"。标注半径时，应在尺寸数字前加注符号"R"，如图 5-13 所示。

标注小于或等于半圆的圆弧时，尺寸线自圆心引向圆弧，只画一个箭头，数字前加注半径符号"R"，如图 5-14 所示。

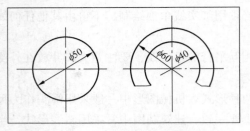

图 5-13 圆或大于半圆的圆弧注法

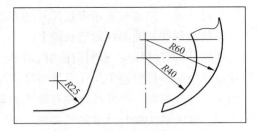

图 5-14 小于或等于半圆的圆弧的注法

当圆弧的半径过大或在图纸范围内无法标注出其圆心位置时，可以按图 5-15 的形式标注。若圆心位置不需注明，则尺寸线可只画靠近箭头的一段。

（4）小尺寸注法。当没有足够的空间画箭头或注写尺寸数字时，可把箭头放在外面，指向尺寸界线，尺寸数字也可引出注写在外面，连续尺寸无法画箭头时，可用圆点代替中间省去的两个箭头，如图 5-16 所示。

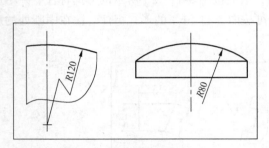

图 5-15 大圆弧半径的注法

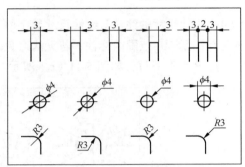

图 5-16 小尺寸注法

5.2 AutoCAD 中的尺寸标注

AutoCAD 提供了各种基本的标注形式，如线性、直径、半径和角度等。标注可以是水平、垂直、对齐、旋转、基线或连续，以适应不同专业各种类型的尺寸标注。

在 AutoCAD 中执行尺寸标注命令常用"下拉菜单"或"标注"工具栏两种方式。"标注"工具栏中各图标的意义如图 5-17 所示。

图 5-17 "标注"工具栏

5.2.1 基本标注样式

1. "标注样式管理器"对话框中各按钮的作用

AutoCAD 提供了基本的尺寸标注样式（ISO–25），执行"标注样式"命令后，弹出"标注样式管理器"对话框，如图 5-18 所示。

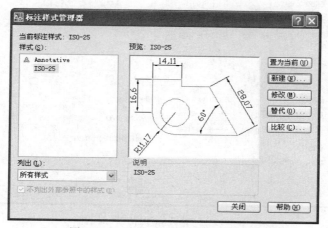

图 5-18 "标注样式管理器"对话框

图中各按钮作用如下。

（1）置为当前：选择一种标准标注样式，且设置为当前的尺寸标注样式。

（2）新建：新建一个标注样式，新建的样式以"ISO–25"为基础。

（3）修改：修改现有的标注样式的内容。

（4）替代：在标注尺寸的过程中会遇到一些特殊格式的标注（例如标注公差），可设置一个临时公差样式，其他的公差都是在此基础上利用"替代"标注。

（5）比较：标注样式的参数比较多，用户可以对样式的各个参数进行比较，从而了解不同样式的总体特性。

2. 标注样式的内容

下面以修改标注样式为例，了解一下标注样式的内容。单击"修改"按钮，弹出"修改标注样式"对话框，如图 5-19 所示。

在此对话框中有 7 个选项卡，分别为"线"、"符号和箭头"、"文字"、"调整"、"主单位"、"换算单位"及"公差"。这些都可进行修改，下面分别介绍"线"、"符号和箭头"、"文字"、"调整"、"主单位"选项卡中主要选项。

（1）"直线"选项卡。

① 尺寸线。

● 基线间距用于设置基线标注时，相邻两条尺寸线之间的距离。

② 尺寸界限。

● 超出尺寸线用于设置尺寸界线超出尺寸线的量。

● 起点偏移量用于设置自图形中定义标注的点到尺寸界线的偏移距离。

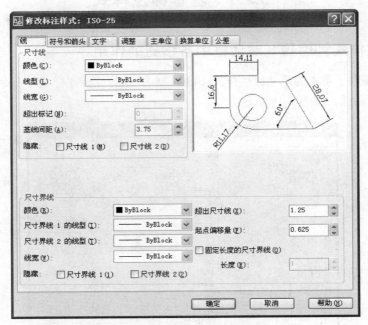

图 5-19 "修改标注样式"对话框

（2）"符号和箭头"选项卡。

箭头大小用于显示和设置箭头的大小。

（3）文字。

① 文字外观。

● 文字样式用于通过下拉列表选择"文字样式"，也可通过单击右侧按钮打开"文字样式"对话框设置新的文字样式。符合工程图样的文字样式为"gbeitc.shx"形文件，且使用大字体为"gbcbig.shx"形文件。

● 文字高度用于在文本框中直接输入高度值，也可点击按钮增大或减小高度值。

② 文字位置。从尺寸线偏移用于确定尺寸文本和尺寸线之间的偏移量。

③ 文字对齐。

● 水平用于无论尺寸线的方向如何，尺寸数字的方向总是水平的，只适合于对角度尺寸的标注。

● 与尺寸线对齐用于尺寸数字保持与尺寸线平行。

● ISO 标准用于当文字在尺寸界线内时，文字与尺寸线对齐。当文字在尺寸界线外时，文字水平排列。

（4）"调整"选项卡。

① 调整选项。

默认情况下，选中"文字或箭头，取最佳效果"单选按钮，也可根据实际情况进行调整。

② 标注特征比例。

● 将标注缩放到布局用于根据当前模型空间视口和图纸空间之间的比例确定比例因子。

● 使用全局比例用于以文本框中的数值为比例因子缩放标注的文字和箭头的大小，但不改变标注的尺寸值。

③ 优化。

● 标注时手动放置文字用于进行尺寸标注时标注文字的位置不确定，需要通过拖动鼠标并单击来确定，这一方式非常实用。

● 在尺寸界线之间绘制尺寸线用于不论尺寸界线之间的距离是多少，尺寸界线之间必须绘制尺寸线。

（5）主单位。

① 线性标注。

● 单位格式用于设置标注文字的单位格式，可供选择的有"小数"、"科学"、"建筑"、"工程"和"分数"等格式，工程制图中的常用格式是小数。

● 精度用于确定主单位数值保留几位小数，一般标注时取整。

● 小数分隔符用于当"单位格式"采用小数格式时，用于设置小数点的格式，根据国家标准，这里设置为'.'（句号）。

② 角度标注。

● 单位格式用于设置角度单位格式。

● 精度用于设置角度标注的小数位数。

5.2.2　标注样式设置

直接利用 ISO–25 进行尺寸标注，有一些不符合我国的国家标准，所以必须对尺寸标注的样式进行重新设置，以便符合我国的国家标准，标注出合格的工程图样。

（1）新建尺寸标注样式。

选择"标注"|"标注样式"命令，或在"标注"工具栏中单击"标注样式"按钮，打开"标注样式管理器"对话框。单击"新建"按钮，打开"创建新标注样式"对话框，新建"工程"标注样式，如图 5-20 所示。

图 5-20　"创建新标注样式"对话框

（2）单击"继续"按钮，打开"新建标注样式：工程"对话框。

（3）选择"线"选项卡，设置相关选项，如图 5-21 所示。

（4）选择"符号和箭头"选项卡，设置相关选项，如图 5-22 所示。

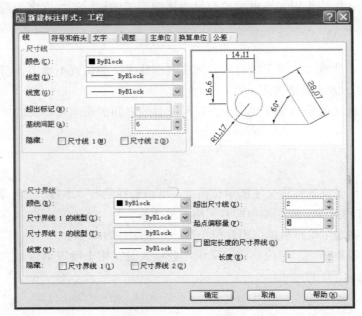

图 5-21　"线"选项卡

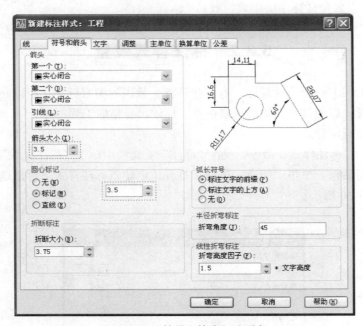

图 5-22　"符号和箭头"选项卡

（5）选择"文字"选项卡，首先设置标注文字样式。

AutoCAD 提供的标注文字样式很多，以适应不同领域的要求，工程图样上使用的是斜体字。

单击"文字样式"右侧按钮，打开"文字样式"对话框。单击"新建"按钮。打开"新建文字样式"对话框，新建"工程"文字样式，如图 5-23 所示。

图 5-23　"新建文字样式"对话框

单击"确定"按钮，返回"文字样式"对话框，SHX 字体选择"gbeitc.shx"形文件，选择"使用大字体"选项，大字体选择"gbcbig.shx"形文件的形式，如图 5-24 所示。单击"应用"并关闭该对话框。

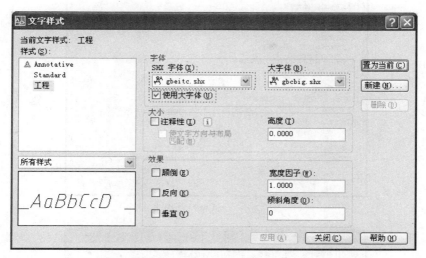

图 5-24　"文字样式"对话框

返回"文字"选项卡，设置相关选项，如图 5-25 所示。

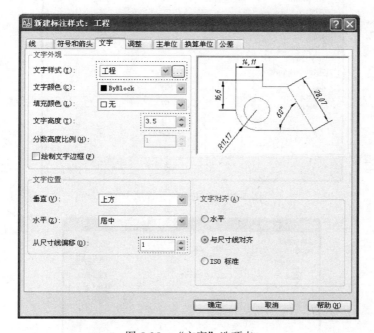

图 5-25　"文字"选项卡

（6）选择"调整"选项卡，设置相关选项，如图 5-26 所示。

（7）选择"主单位"选项卡，设置相关选项，如图 5-27 所示。

单击"确定"按钮，返回"标注样式管理器"对话框，如图 5-28 所示。

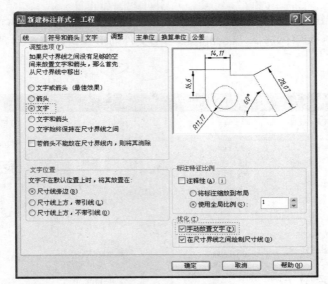

图 5-26　"调整"选项卡

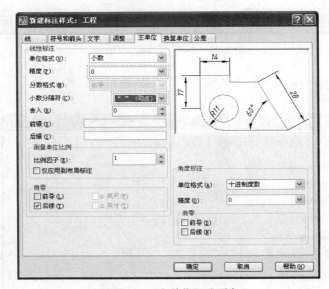

图 5-27　"主单位"选项卡

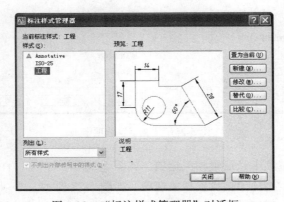

图 5-28　"标注样式管理器"对话框

对于角度尺寸的修改，可在"工程"样式的基础上新建角度的标注样式。

（8）在"标注样式管理器"对话框，选择"工程"标注，单击"新建"按钮，打开"创建新标注样式"对话框，它是在"工程"样式上创建新的样式，从"用于"下拉列表中选择"角度标注"，如图 5-29 所示。

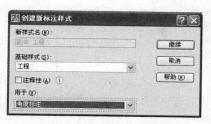

图 5-29　创建新标注样式

单击"继续"按钮可以改变角度的标注方式，出现"新建标注样式：工程：角度"对话框，选择"文字"选项卡，将"对齐方式"设置为"水平"、"文字位置"的垂直选项设为"外部"，如图 5-30 所示。

单击"确定"按钮，返回"标注样式管理器"对话框。

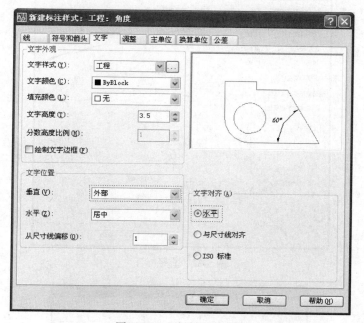

图 5-30　"文字"选项卡

（9）在"标注样式管理器"对话框，选择"工程"标注，单击"新建"按钮，打开"创建新标注样式"对话框，它是在"工程"样式上创建新的样式，从"用于"下拉列表中选择"半径标注"。单击"继续"按钮，在出现"新建标注样式：工程：半径"对话框中，选择"文字"选项卡，将"对齐方式"设置为"ISO 标准"，如图 5-31 所示。

（10）同上创建"直径标注"，如图 5-32 所示。

至此，完成了尺寸标注样式的设置，如图 5-33 所示。

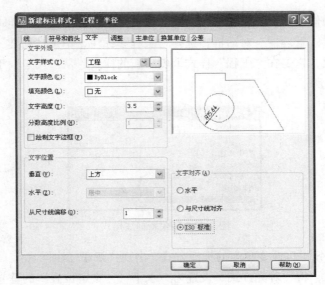

图 5-31　半径标注

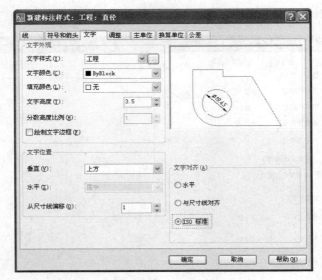

图 5-32　直径标注

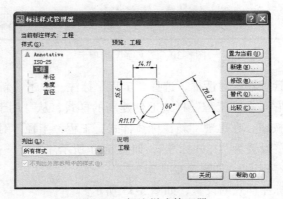

图 5-33　标注样式管理器

5.2.3 尺 寸 标 注

标注中常用的方法有线性尺寸标注、对齐尺寸标注、角度尺寸标注、半径标注、直径标注、引线标注、基线标注、连续标注、坐标尺寸标注等，下面具体介绍它们的用法。

1. 线性尺寸标注

线性尺寸标注是指标注对象在水平或垂直方向的尺寸。

执行"线性"命令，命令行提示信息如下。

指定第一条尺寸界线原点或<选择对象>：	//选择 A 点，直接按 Enter 键可选择对象。
选择标注对象：	//选择 B 点。
指定尺寸线位置或[多行文字(M)/文字(T)/	
角度(A)/水平(H)/垂直(V)/旋转(R)]：	//移动鼠标指针到合适的位置，单击鼠标。
标注文字=30	//系统自动标注尺寸文字。

在"指定尺寸线位置或[多行文字(M)/文字(T)/角度(A)/水平(H)/垂直(V)/旋转(R)]："提示下直接指定尺寸线的位置，系统会自动测量标注两点之间的距离。如果是精确画图，尺寸标注将非常方便；如果画图不准确，则需要改变尺寸数值，可以选择"M"或"T"。其他备选项含义如下。

- 多行文字（M）用于打开多行文字编辑器，如图 5-34 所示。在文字框中显示 AutoCAD 自动测量的是尺寸数字，用户可以编辑其中的内容，编辑完毕，单击"确定"按钮即可。

图 5-34 多行文字编辑器

- 文字（T）用于以单行文本形式输入新的尺寸数值。
- 角度（A）用于设置尺寸文字的倾斜角度。
- 水平（H）和垂直（V）用于选择水平或者垂直标注，或者通过拖动鼠标指针来切换水平和垂直标注。效果如图 5-35 所示。

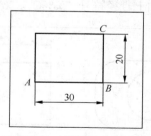

图 5-35 线性尺寸标注

2. 对齐尺寸标注

对齐尺寸标注可以让尺寸线始终与被标注对象平行，它可以标注倾斜方向的尺寸，也可标注线性尺寸，但是，线性尺寸标注则不能标注倾斜的尺寸。

执行"对齐"命令，命令行提示信息如下。

指定第一条尺寸界线原点或<选择对象>：	//选择 *A* 点，直接按 Enter 键，则切换到选择标注
对象状态。	
选择标注对象：	//选择 *B* 点。
指定尺寸线位置或[多行文字(M)/文字(T)/角度(A)]：	//指定尺寸线的位置，完成 *AB* 边的标注。
标注文字=35	//系统自动标注尺寸文字。

效果如图 5-36 所示。

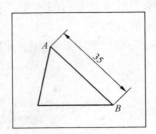

图 5-36　对齐尺寸标注

3. 半径和直径标注

半径和直径标注是针对圆和圆弧的，对于非圆视图上的直径则需要用线性尺寸标注。

（1）标注半径

执行"半径"命令，命令行提示信息如下。

选择圆弧或圆：	//拾取圆弧。
标注文字=10	//系统自动标注尺寸文字。
指定尺寸线位置或[多行文字(M)/文字(T)/角度(A)]：	//拖动鼠标指针，确定尺寸线位置。

（2）标注直径

执行"直径"命令，命令行提示信息如下。

选择圆弧或圆：	//拾取圆。
标注文字=20	//系统自动标注尺寸文字。
指定尺寸线位置或[多行文字(M)/文字(T)/角度(A)]：	//拖动光标，确定尺寸线的位置。

在有些情况下，直径的标注是在非圆视图上进行，可以用线性标注，在标注时使用"文字 T"选项，再重新输入所标尺寸前加上直径符号"%%C"。效果如图 5-37 所示。

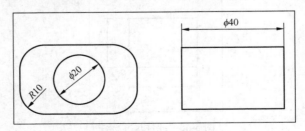

图 5-37　半径和直径标注

4. 角度标注

角度标注用于标注圆弧对应的中心角、不平行直线形成的夹角等。执行"角度"命令，命令行提示信息如下。

选择圆弧、圆、直线或<指定顶点>:	//选择第一条线。
选择第二条直线:	//选择第二条线。
指定标注弧线位置或[多行文字(M)/文字(T)/角度(A)]:	//指定标注尺寸线的位置。

效果如图 5-38 所示。

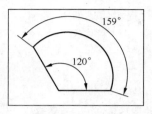

图 5-38　角度标注

5. 连续标注和基线标注

连续线标注和基线标注是工程上的特殊标注方法。

（1）连续标注。连续标注从某一个尺寸界线开始，按顺序标注一系列尺寸，相邻的尺寸共用一条尺寸界线，而且所有的尺寸线都在同一条直线上，操作如下。

执行"连续"命令，命令行提示信息如下。

指定第二条尺寸界线原点或 [放弃(U)/选择(S)] <选择>:	//选择"C"点。
标注文字=12	
指定第二条尺寸界线原点或 [放弃(U)/选择(S)] <选择>:	//选择"D"点。
标注文字=10	
指定第二条尺寸界线原点或 [放弃(U)/选择(S)] <选择>:	//选择"E"点。
标注文字=15	
指定第二条尺寸界线原点或 [放弃(U)/选择(S)] <选择>: ↵	//按 Enter 键结束。

效果如图 5-39 所示。

注意连续标注不仅适合于线性标注，也适合于角度标注。

（2）基线标注。基线标注以某一尺寸界线为基准位置，按某一方向标注一系列尺寸，所有尺寸共用一条基准尺寸界线。方法和步骤与连续标注类似，也应该先标注或选择一个尺寸标注作为基准标注。效果如图 5-40 所示。

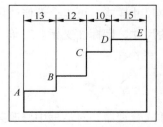

图 5-39　连续标注

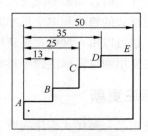

图 5-40　基线标注

6. 其他标注

AutoCAD 还提供了其他标注，如坐标标注、快速标注和快速引线标注等，以适应不同的标注要求。

（1）快速标注。快速标注可以针对不同的对象进行不同的标注。

执行"快速标注"命令，命令行提示信息如下。

```
选择要标注的几何图形：找到 1 个                          //选择圆弧。
选择要标注的几何图形：找到 1 个，共计 2 个                 //选择圆。
选择要标注的几何图形：↵                                  //按 Enter 键结束选择。
指定尺寸线位置或[连续(C)/并列(S)/基线(B)/坐标(O)/
半径(R)/直径(D)/基准点(P)/编辑(E)/设置(T)]<连续>:        //移动鼠标到合适位置。
```

执行这个命令时，选择的是几何图形，系统会根据几何图形判断标注尺寸的类型，也可以自己选择标注的类型。效果如图 5-41 所示。

（2）多重引线标注。利用多重引线标注命令可以标注一些说明或注释性文字，引线标注一般由箭头、引线和注释文字构成。选择"标注"|"多重引线"命令（MLEADER），执行"多重引线"命令，命令行提示信息如下。

```
命令：_mleader
指定引线箭头的位置或 [引线基线优先(L)/内容优先(C)/选项(O)] <选项>:    //指定引线的起点。
指定引线基线的位置：                                              //指定引线的第二点。
```

默认情况下，将打开多行文本输入工具，输入注释文字后，单击"确定"按钮即可，如图 5-42 所示。

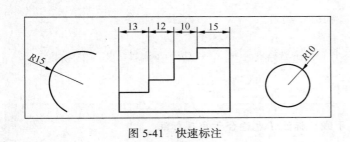

图 5-41　快速标注

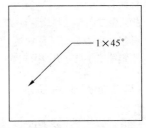

图 5-42　引线标注

5.2.4　尺寸标注的编辑

标注尺寸之后，如果要改变尺寸线的位置或尺寸数字等，就需要使用尺寸编辑命令。尺寸编辑包括对样式的修改和单个尺寸对象的修改。通过修改尺寸样式，可以全部修改用该样式标注的尺寸。也可以用一种样式更新用另外一种样式标注的尺寸，即标注更新。对单个尺寸对象的修改则主要用到编辑标注命令和编辑标注文字命令。

1. 标注更新

要修改用某一种样式标注的所有尺寸，则在"标注样式管理器"对话框中修改某标注样式即可。用这个标注样式标注的尺寸可以进行统一的修改。

如果要使用当前样式更新所选尺寸，就可以用到"标注更新"命令。

要使一个尺寸从一种样式更新到另一样式，应首先设置要更换的样式为当前标注样式，然后执行"标注更新"命令。

2. 编辑标注文字

"编辑标注文字"按钮用于改变尺寸标注中尺寸文字的位置和旋转角度。单击"标注"工具栏上的"编辑标注文字"按钮，命令行提示信息如下。

选择标注：	//选择需要编辑的尺寸对象。
指定标注文字的新位置或[左(L)/右(R)/	
中心(C)/默认(H)/角度(A)]：A ↵	//选择"角度(A)"选项。
指定标注文字的角度：45 ↵	//指定标注文字的角度"45"。

这时可以移动鼠标指针改变尺寸线和尺寸数字的位置。效果如图 5-43 所示。

命令还提供了一些备选项，它们的使用方法如下。

- 左和右用于尺寸文字靠近尺寸线的左边或右边。
- 中心用于尺寸文字放置在尺寸线的中间。
- 默认用于按照默认位置放置尺寸文字。
- 角度用于将标注的尺寸文字旋转指定角度。

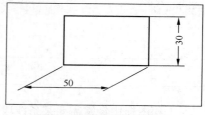

图 5-43　编辑标注及文字

注意角度以 X 轴正向为 0 值，逆时针为正。

3. 编辑标注

"编辑标注"命令可以用来修改尺寸标注的文字和尺寸界线的旋转角度等，与编辑标注文字命令不同，这个命令先设置修改的元素，然后选择对象。

单击"标注"工具栏上"编辑标注"命令按钮，命令行提示信息如下。

命令：_dimedit	
输入标注编辑类型 [默认(H)/新建(N)/旋转(R)/倾斜(O)] <默认>：O ↵	//选择"倾斜(O)"编辑类型。
选择对象：找到 1 个	//选择对象，可以多次选择。
选择对象：↵	//按 Enter 键结束选择。
输入倾斜角度：30 ↵	//输入倾斜角度"30"，按 Enter 表示无。

命令行中各选项意义如下。

- 新建用于选择此选项会打开多行文字编辑器，在编辑器中修改编辑尺寸文字，注意编辑器中显示的是默认尺寸数字。
- 旋转用于将尺寸数字旋转指定角度。
- 倾斜用于将尺寸界线倾斜指定角度。

效果如图 5-43 所示。

4. 尺寸关联

尺寸关联是指所标注尺寸与被标注对象有关联关系。如果标注的尺寸值是按自动测量值标注，且尺寸标注是按尺寸关联模式标注的，那么改变被标注对象的大小后相应的标注尺寸也将发生改变，即尺寸界线、尺寸线的位置都将改变到相应新位置，尺寸值也改变成新测量值。

　　"关联标注"的设置方法为，在"选项"对话框中，打开"用户系统设置"选项卡，在"关联标注"选项组中选择"使新标注与对象关联"复选框，如图 5-44 所示，这样标注的尺寸就会与标注对象尺寸关联。

图 5-44　"关联标注"的设置

5.3 几何作图方法

5.3.1　圆 弧 连 接

　　工程图样中经常需要某条线段（直线或圆弧）与另一线段用圆弧光滑过渡，这种用已知半径的圆弧光滑过渡（即相切）连接两已知线段，称为圆弧连接，切点称为连接点。常见的圆弧连接有连接两直线、两圆弧、直线与圆弧等。在 AutoCAD 中，可采用圆角、绘圆等方法快速绘制连接。

　　（1）使用"圆角"命令。使用"圆角"命令可快速绘制连接两直线、直线与圆弧、外接两圆弧等的连接圆弧。

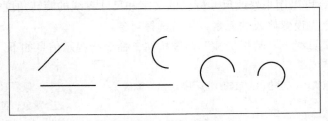

图 5-45　圆弧连接前

　　选择"修改"|"圆角"命令，或单击"修改"工具栏"圆角"按钮，执行"圆角"命令，命令行提示如下。

```
命令：_fillet
当前设置：模式 = 修剪，半径 = 0
选择第一个对象或 [放弃(U)/多段线(P)/半径(R)/修剪(T)/多个(M)]：r ↵      //选择"半径(R)"选项。
指定圆角半径 <0>：10 ↵                                         //输入圆角半径"10"。
选择第一个对象或 [放弃(U)/多段线(P)/半径(R)/修剪(T)/多个(M)]：m ↵      //选择"多个(M)"选项。
选择第一个对象或 [放弃(U)/多段线(P)/半径(R)/修剪(T)/多个(M)]：          //选择第一个对象。
选择第二个对象，或按住 Shift 键选择要应用角点的对象：                  //选择第二个对象。
选择第一个对象或 [放弃(U)/多段线(P)/半径(R)/修剪(T)/多个(M)]：          //选择第一个对象。
```

选择第二个对象，或按住 Shift 键选择要应用角点的对象：	//选择第二个对象。
选择第一个对象或 [放弃(U)/多段线(P)/半径(R)/修剪(T)/多个(M)]：	//选择第一个对象。
选择第二个对象，或按住 Shift 键选择要应用角点的对象：	//选择"半径(R)"选项。
选择第一个对象或 [放弃(U)/多段线(P)/半径(R)/修剪(T)/多个(M)]： ↵	//按 Enter 键结束命令。

执行命令后的效果如图 5-46 所示。

图 5-46　圆弧连接后

 只要将模式设为修剪，执行圆角命令后，系统会在光滑连接对象后自动延长不足的线段。

（2）使用"绘圆"命令。对于"内接"和"内外接"两圆弧的圆弧连接，可使用"相切、相切、半径"的绘圆方式绘制圆，然后通过"修剪"命令修剪成形。选择"绘图"|"圆"|"相切、相切、半径"选项，命令行提示如下。

命令：_circle	
指定圆的圆心或 [三点(3P)/两点(2P)/相切、相切、半径(T)]：_ttr	
指定对象与圆的第一个切点：	//选择第一个对象。
指定对象与圆的第二个切点：	//选择第二个对象。
指定圆的半径 <0>：20 ↵	//指定圆的半径"20"。
命令：_circle	
指定圆的圆心或 [三点(3P)/两点(2P)/相切、相切、半径(T)]：_ttr	
指定对象与圆的第一个切点：	//选择第一个对象。
指定对象与圆的第二个切点：	//选择第二个对象。
指定圆的半径 <20>：30 ↵	//指定圆的半径"30"。

执行命令后的效果如图 5-47 所示。

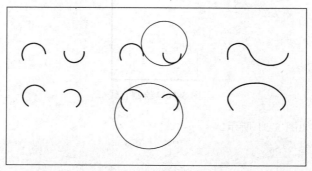

图 5-47　圆弧连接

5.3.2 斜度与锥度

1. 斜度

斜度是指一直线（或平面）对另一直线（或平面）的倾斜程度，通常以斜边（或斜面）的高与底边长的比值来表示斜度的大小（如图 5-48（a）所示），并将比值化为 $1:n$ 的形式。并在比例数字之前加注斜度符号"∠"或"⌐"，如图 5-48（b）所示，其中 h 为数字高，符号的线宽为 $h/10$。符号的方向应与斜度方向一致，如图 5-48（c）所示。

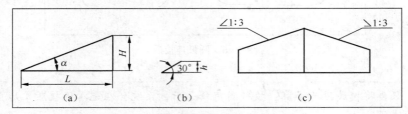

图 5-48　圆弧连接

下面以绘制图 5-49 所示图形为例，介绍斜度的作图与标注方法。

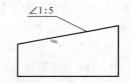

图 5-49　斜度绘制与标注

（1）打开"正交"功能，绘制直线，如图 5-50 所示。

```
命令：_line
指定第一点：                                  //任意指定一点。
指定下一点或 [放弃(U)]：50 ↵                    //垂直下移光标，输入值"50"。
指定下一点或 [放弃(U)]：150 ↵                   //水平右移光标，输入值"150"。
指定下一点或 [闭合(C)/放弃(U)]：150 ↵           //垂直上移光标，输入值"150"。
指定下一点或 [闭合(C)/放弃(U)]：↵               //按 Enter 键结束命令。
```

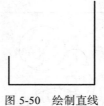

图 5-50　绘制直线

（2）绘制直线，如图 5-51 所示。

```
命令：_line
指定第一点：
指定下一点或 [放弃(U)]：100 ↵
```

```
指定下一点或 [放弃(U)]: 20 ↵
指定下一点或 [闭合(C)/放弃(U)]: c ↵
```

图 5-51　绘制直线

（3）执行"延伸"命令，如图 5-52 所示。

```
当前设置：投影=UCS，边=无
选择边界的边...
选择对象或 <全部选择>：　找到 1 个
选择对象：↵
选择要延伸的对象，或按住 Shift 键选择要修剪的对象，或[栏选(F)/窗交(C)/投影(P)/边(E)/放弃(U)]:
选择要延伸的对象，或按住 Shift 键选择要修剪的对象，或[栏选(F)/窗交(C)/投影(P)/边(E)/放弃(U)]:
```

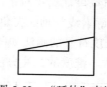

图 5-52　"延伸"直线

（4）修剪删除多余线条，如图 5-53 所示。

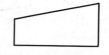

图 5-53　修剪后图形

（5）执行"引线"命令，标注斜度。

```
命令：qleader                                        //执行引线命令。
指定第一个引线点或 [设置(S)] <设置>：↵              //按 Enter 键打开设置对话框。
```

按图 5-54～图 5-56 进行设置。

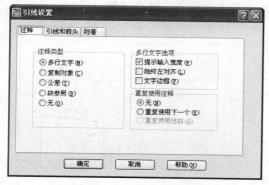

图 5-54　引线设置—注释

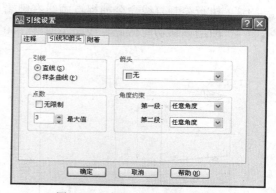

图 5-55　引线设置—引线和箭头

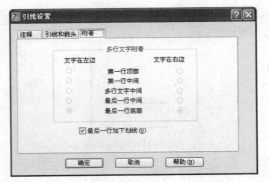

图 5-56　引线设置—附着

接着按命令提示指定标注位置，输入斜度值"1∶5"。最后绘制斜度符号，加粗线条完成图形绘制，如图 5-49 所示。

2．锥度

锥度是指正圆锥体的底圆直径与其高度之比（对于圆锥台，则为底圆直径与顶圆直径的差与圆锥台的高度之比），通常用圆锥轮廓素线与轴线夹角的正切值的两倍表示（如图 5-57（a）所示），并将此值化成 1∶n 的形式。锥度符号的画法如图 5-57（b）所示，其中 h 仍为数字高。标注时，符号的方向应与锥度方向一致。锥度的标注方法如图 5-57（c）、（d）所示。

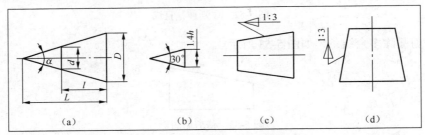

图 5-57　锥度的定义及符号与标注

下面以绘制图 5-58 所示图形为例，介绍锥度的作图与标注方法。

（1）设置绘图环境，启用"正交"、"对象捕捉"、"极轴"功能，极轴角设置"15"度。

（2）绘制水平点画线。

（3）执行绘制直线命令捕捉点画线右侧端点，垂直上移光标，输入位移"25"。

（4）使用偏移功能将此直线向左偏移"60"，如图 5-59（a）所示。

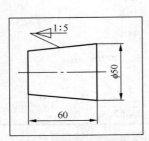

图 5-58　锥度的作图与标注

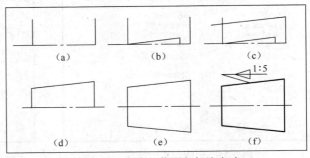

图 5-59　锥度的作图与标注方法

（5）执行绘制直线命令，捕捉左侧直线与点画线交点，水平右移光标输入位移"50"，垂直上移光标输入位移"5"，输入"c"闭合直线，如图 5-59（b）所示。

（6）执行绘制直线命令，捕捉右侧直线上端点，按住"Ctrl"键的同时鼠标右键单击，在弹出菜单上选择"平行线"选项，绘制倾斜线平行线，如图 5-59（c）所示。

（7）删除和修剪多余线条，适当拉长点画线，如图 5-59（d）所示。

（8）选择除点画线外的其他线条，以点画线为镜像线，执行"镜像"编辑命令。如图 5-59（e）所示。

（9）执行"引线"命令，标注锥度。将外轮廓线修改为粗实线。完成图形绘制，如图 5-59（f）所示。

5.4 | 平面图形的分析和作图

平面图形常由一些线段连接而成的封闭线框所构成，这些线段之间的相对位置和连接关系，由给定的尺寸具体确定。只有分析清楚尺寸和线段之间的关系，才能正确、快速地绘制出平面图形。

5.4.1 平面图形的尺寸分析

平面图形所标注的尺寸，根据其所起的作用不同，可分为定形尺寸和定位尺寸两类。

1. 定形尺寸

定形尺寸指用以确定平面图形中各组成部分形状和大小的尺寸，如直线的长度、圆的直径或半径、角度的大小等。图 5-60 中所示的"15"、"$\phi 20$"、"$\phi 5$"、"$R15$"、"$R12$"、"$R50$"、"$R10$"都是定形尺寸。

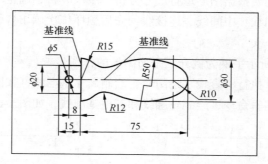

图 5-60　手柄

2. 定位尺寸

定位尺寸指确定平面图形上各线段或线框间相对位置的尺寸，如图 5-60 中确定 $\phi 5$ 圆位置的尺寸"8"和确定 R10 位置的"75"均为定位尺寸。

标注定位尺寸时应该以尺寸基准作为标注尺寸的起点。这里的尺寸基准指的是定位尺寸的起点。一个平面图形应该有水平方向和铅垂方向两个尺寸基准，如图 5-60 所示。一般情况下，常常以图形的对称轴线、大直径圆的中心线或者主要轮廓线作为尺寸基准。

5.4.2　平面图形的线段分析

平面图形的线段根据线段的尺寸是否齐全分为已知线段、中间线段、连接线段 3 类。

1. 已知线段

已知线段指定形尺寸、定位尺寸全部注出的线段。对于直线来说，凡给定线段的两个已知点，或者给定一个已知点和其方向，这样的直线即为已知线段。对于圆和圆弧，凡给定圆弧半径或圆的直径，以及圆心的位置，即为已知线段。图 5-60 所示手柄图形中的尺寸 15、$\phi20$、$\phi5$、$R10$、$R15$ 所确定的线段。

2. 中间线段

已知定形尺寸和一个方向的定位尺寸（X 或 Y 相对坐标），需根据边界条件用连接关系作图才能画出的线段称中间线段。图 5-60 中所示的半径为"50"圆弧，定形尺寸为 $R50$，圆心坐标是由与其相切的 $\phi30$ 给出了一个 Y 方向的相对坐标，其 X 方向的位置需要作图决定。

3. 连接线段

连接线段指只标注定形尺寸，未标注定位尺寸的线段。图 5-60 中所示的圆弧 $R12$，必须利用其两边 $R50$ 和 $R15$ 圆弧，通过圆弧连接的作图方法才能画出。

5.4.3　平面图形的作图

绘制平面图形，首先要根据图形进行尺寸分析、线段分析，确定尺寸基准，接着绘制基准线与定位线，然后按已知线、中间线、连接线的先后顺序依次画出各线。最后整理线段，标注尺寸，完成图形绘制。

下面以绘制图 5-60 所示手柄为例介绍平面图形的作图步骤。

（1）设置绘图环境。执行"直线"绘图命令绘制尺寸基准线，如图 5-61 所示。

（2）执行"偏移"编辑命令，绘制轮廓线和其他基准线，如图 5-62 所示。

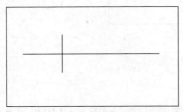

图 5-61　手柄的作图步骤（1）

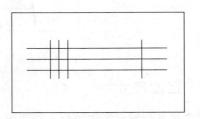

图 5-62　手柄的作图步骤（2）

（3）执行"圆"绘图命令，绘制已知线段，并利用"修剪"编辑命令修剪多余线条，如图 5-63 所示。

（4）执行"圆"绘图命令和"偏移"编辑命令，绘制辅助线，如图 5-64 所示。

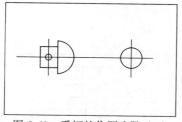

图 5-63　手柄的作图步骤（3）

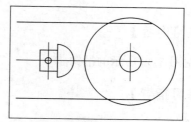

图 5-64　手柄的作图步骤（4）

（5）执行"圆"绘图命令，绘制中间线段，如图 5-65 所示。

（6）执行"相切、相切、半径"绘图命令，绘制连接线段，如图 5-66 所示。

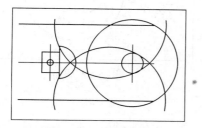

图 5-65　手柄的作图步骤（5）

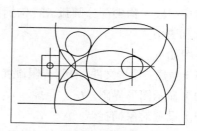

图 5-66　手柄的作图步骤（6）

（7）执行"修剪"编辑命令修剪多余线条，并调整线条所在图层，如图 5-67 所示。

（8）标注尺寸，完成手柄图形绘制，如图 5-68 所示。

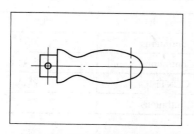

图 5-67　手柄的作图步骤（7）

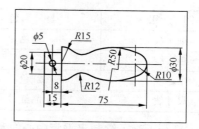

图 5-68　手柄的作图步骤（8）

小　结

通过本章学习，要熟练掌握国家标准《技术制图》和《机械制图》中有关图纸幅面及格式、比例、字体、图线及其画法、尺寸标注的基本规则等。学会使用 AutoCAD 熟练设置标注样式，能使用标注工具快速标注平面图形的尺寸。掌握使用 AutoCAD 绘制圆弧连接的方法。掌握平面图形的绘图步骤，先画已知线段，再画中间线段，最后画连接线段。

上机练习指导

【练习内容】

绘制图 5-69 所示的吊钩。

【练习指导】

分析如下。

已知线段   钩柄部分的直线和钩子弯曲中心部分的 $\phi 27$、$R32$ 圆弧。

中间线段   钩子尖端部分的 $R25$、$R15$ 圆弧。

连接线段   钩尖部分圆弧 $R3$、钩柄部分过渡圆弧 $R28$ 和 $R40$。

绘图如下。

（1）新建一图形文件，图形界限设置为 210×297。

（2）显示图形界限。

（3）设置对象捕捉。

打开"草图设置"对话框中"对象捕捉"选项卡，选择"交点"、"切点"、"圆心"、"端点"，并启用对象捕捉。

（4）设置图层。

按图形要求，打开"图形特性管理器"，设置以下图层、颜色、线型和线宽。

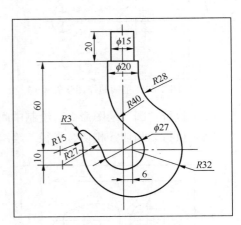

图 5-69   吊钩

图　层	颜　色	线　型	线　宽
细实线	白色	Continuous	默认
粗实线	白色	Continuous	0.5 毫米
中心线	红色	CENTER	默认
尺寸线	品红	Continuous	默认

（5）打开正交，绘制出垂直中心线和水平直线。

（6）使用"偏移"工具绘制吊钩柄部，偏移值为 7.5、7.5、10、10、60 和 20，如图 5-70 所示。修剪后的图形如图 5-71 所示。

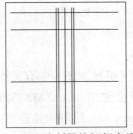

图 5-70   绘制吊钩柄部直线

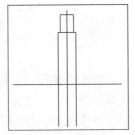

图 5-71   修剪

（7）使用"偏移"工具，偏移值为 10 和 6，利用夹点调整长短。以 13.5、40.5、32 和 47 为半径绘制圆，如图 5-72 所示。修剪后的图形如图 5-73 所示。

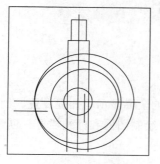

图 5-72　绘制圆

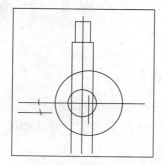

图 5-73　修剪

（8）以 15 和 27 为半径绘制圆，如图 5-74 所示。

（9）执行"绘图"｜"圆"｜"相切、相切、半径"命令。绘制半径为 3 的圆，如图 5-75 所示。

（10）修剪后的图形如图 5-76 所示。

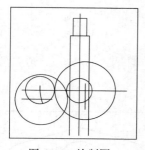

图 5-74　绘制圆

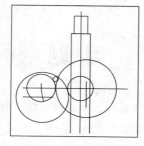

图 5-75　绘制圆

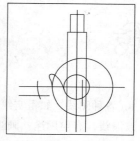

图 5-76　修剪

（11）执行"绘图"｜"圆"｜"相切、相切、半径"命令。绘制半径为 40 和 28 的圆，如图 5-77 所示。

（12）修剪后的图形如图 5-78 所示。

（13）调整图线所在图层，如图 5-79 所示。

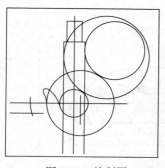

图 5-77　绘制圆

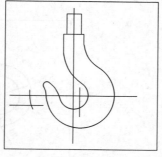

图 5-78　修剪

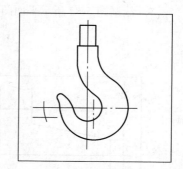

图 5-79　调整图线

（14）标注尺寸，完成的图形如图 5-69 所示。

实例训练

【实训内容】

根据需要进行绘图单位设置、图幅的设置、图纸的全屏显示、捕捉设置、创建图层（设置线型、颜色、线宽）、设置文字样式和尺寸标注样式、绘制图框和标题栏等，创建个人样板图。

【实训要求】

1. 创建样板图的所需内容。

2. 输入"另存为"命令，打开"图形另存为"对话框，在"文件名"文本框中输入样板图名"A3 样板图"。在"保存类型"下拉菜单列表框中选择"AutoCAD 图形样板（*.dwt）"文件类型，在"保存在"下拉列表框中选择"样板（Template）"文件夹或指定其他保存位置，保存文件。

习 题

1. 各种图线，如粗实线、细实线、虚线、点画线、双点画线、波浪线，有何用途？画法上有何规定？

2. 解释比例 2∶1 的含义。

3. 锥度与斜度有什么区别？

4. 试述进行平面图形线段分析的意义？

5. 绘制图 5-80 所示平面图，并标注尺寸，尺寸数字从图中量取整数。

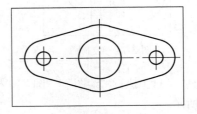

图 5-80 绘制平面图

6. 参照图 5-81 所示图形，用 1∶2 的比例绘制图形的轮廓，并标注尺寸。

7. 绘制图 5-82 所示平面图。

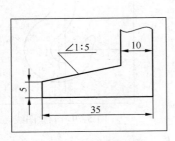

图 5-81 绘制平面图

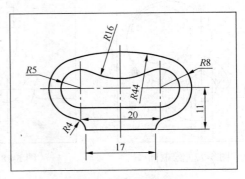

图 5-82 绘制平面图

第6章

投影分析

【学习目标】

1. 熟练掌握点的投影规律，能够根据点的投影判别空间两点的相对位置
2. 熟练掌握各种位置直线和平面的投影特性
3. 熟练掌握点在直线上以及点、线在面内的投影特性和作图方法
4. 熟练掌握在特殊位置情况下几何元素平行和相交问题的投影特点及其作图方法
5. 熟练掌握运用积聚性和辅助平面法求作两回转面交线的作图方法

6.1 投影基本知识

6.1.1 投影的基本概念

光线照射在物体上，会在其背面的平面上留下影子，如图 6-1 所示。人们根据这个自然现象，总结出将空间物体表达为平面图形的方法，即投影法。

在投影法中，向物体投射的光线，称为投影线；得到投影的平面称为投影面（如 P 为投影面）；在投影面上得到的图形，称为物体在该投影面上的投影。

工程界广泛采用投影法表达物体，以实现三维物体与二维图形的转换。

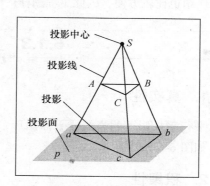

图 6-1 投影的形成

6.1.2　投影的分类

根据投射线的类型不同将投影法分为中心投影法和平行投影法两种。

1．中心投影法

投射线汇交一点的投影法称为中心投影法，如图 6-2 所示。由于投影线互不平行，投影随投影中心距物体的距离不同而发生变化，因此利用这种投影法所得投影不能反映物体的真实大小。

这种方法不适合绘制工程图样，多用于绘制建筑物的透视图。

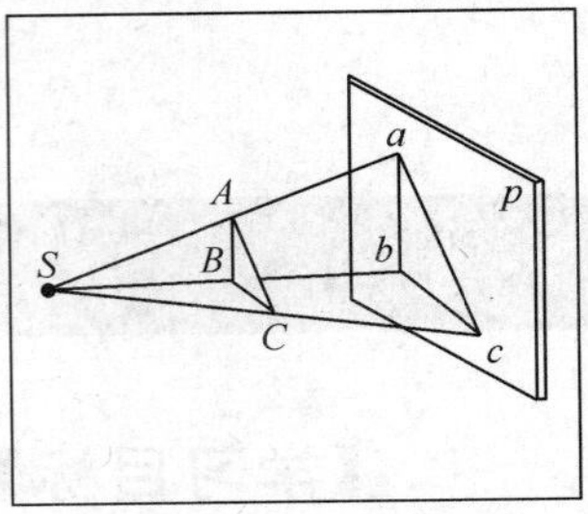

图 6-2　中心投影法

2．平行投影法

如果将投影中心 S 移到无穷远处，则所有的投影线都变成平行线，这种投射线相互平行的投影法称为平行投影法，如图 6-3 所示。

根据投射方向是否垂直投影面，平行投影法又可分为斜投影法和正投影法两种，如图 6-4、图 6-5 所示。

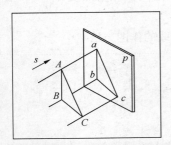

图 6-3　平行投影法

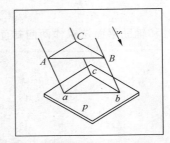

图 6-4　斜投影法

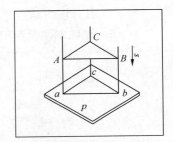

图 6-5　正投影法

若投射线与投影面倾斜，则为斜投影。其特点是直观性强，但不能反映物体的真实形状，常用于绘制机械零件的立体图等。

若投射线与投影面垂直，则为正投影。这种投影可以反映物体的真实形状和大小，度量性好、作图也比较方便，因此工程图样广泛采用正投影法绘制。

6.1.3　正投影的基本特性

1．真实性

平行于投影面的直线或平面图形，在该投影面上的投影反映线段的实长或平面图形的实形，如图 6-6（a）所示。

2．积聚性

垂直于投影面的直线或平面图形，在投影面上积聚成一点或一直线，如图 6-6（b）所示。

3．类似性

当直线或平面图形倾斜于投影面时，直线的投影仍为直线，但小于实长，平面图形的投影小于真实形状，但类似于空间平面图形，图形的基本特性不变，如多边形的投影仍为多边形，如图 6-6（c）所示。

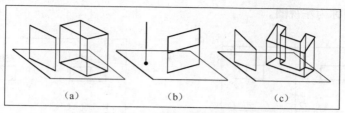

（a）　　　　　　　（b）　　　　　　　（c）

图 6-6　正投影的基本特性

6.1.4　三　视　图

在许多情况下，只用一个投影不加任何注解，是不能完整清晰地表达和确定物体的形状和结构的。要反映物体的完整形状，必须增加由不同投影方向得到的多个视图，互相补充，才能把物体表达清楚。

1．三投影面体系

由正立投影面 V、水平投影面 H 和侧立投影面 W 三个相互垂直的投影面构成的投影面体系称为三投影面体系，如图 6-7 所示。正立投影面简称为正面或 V 面、水平投影面简称为水平面或 H 面、侧立投影面简称为侧面或 W 面。三投影面两两相交产生的交线 OX、OY、OZ 称为投影轴，简称 X 轴、Y 轴、Z 轴。

2．三视图的形成

将物体放在三投影面体系中，用正投影法，分别向 3 个投影面投影，如图 6-8 所示，可得到物体的三视图。

- 主视图：由前向后投影，在正面上所得的视图。
- 俯视图：由上向下投影，在水平面上所得的视图。
- 左视图：由左向右投影，在侧面上所得的视图。

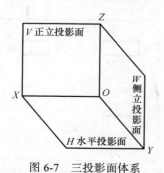

图 6-7　三投影面体系

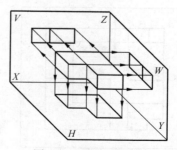

图 6-8　三视图的形成

为了作图和表示的方便，可将空间 3 个投影面展开摊平在一个平面上。保持 V 面不动，将 H 面和 W 面分别绕 OX 和 OY 轴旋转，使 H 面和 W 面均与 V 面处于同一平面内，即得如图 6-9 所示的形体的三面投影图。

在绘制三面投影图时，一般不画投影面的大小（即不画投影面的边框线），也不画投影轴，如图 6-10 所示。工程上，习惯将投影图称为视图，V 面投影图称为主视图，H 面投影图称为俯视图，W 面投影图称为左视图。

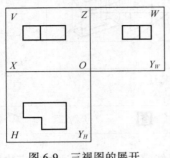

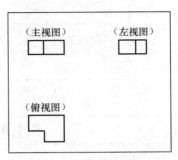

图 6-9　三视图的展开　　　　　　　　　　图 6-10　三视图的简化

3. 三视图的投影规律

物体有长宽高 3 个方向的尺寸，每个视图只能反映两个方向的尺寸大小。

- 主视图反映物体的长和高。
- 俯视图反映物体的长和宽。
- 左视图反映物体的宽和高。

从物体的投影和投影面的展开过程可以看出，物体上各个面和各条线在主、左视图上的投影，应在高度方向上分别平齐，简称"高平齐"。在主、俯视图上的投影，应在长度方向分别对正，简称"长对正"。在俯、左视图上的投影，应在宽度方向上相等，简称"宽相等"。"长对正、高平齐、宽相等"的投影规律是工程制图依据，如图 6-11 所示。

4. 三视图与物体方位的关系

任何形体在空间都具有上、下、左、右、前、后 6 个方位，形体在空间的 6 个方位和三视图所反映形体的方位的关系如图 6-12 所示。

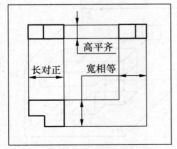

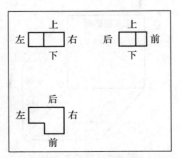

图 6-11　三视图的投影规律　　　　　　　　图 6-12　三视图与物体方位的关系

可以看出，主视图反映了物体上下、左右的方位关系，俯视图反映了物体左右、前后的方位关系，左视图反映了物体上下、前后的方位关系。

6.2 立体表面上的点、直线、平面的投影

点、线、面是构成空间物体最基本的几何元素。要正确地画出物体的投影，必须首先掌握这些最基本几何元素的投影规律。

6.2.1 点 的 投 影

如图 6-13 所示，空间一点 A 在投影面上有确定的投影 a。反之，投射面上的投影 b 却可能是投射线上 B 或 B_1 的投影。这说明点的一面投影不能唯一确定该点的空间位置，因此需采用点的多面投影体系来表达。

将空间点 A 放在三投影面体系中（空间点用大写字母表示，点的投影用小写字母表示），由点 A 分别向 V、H、W 三投影面作正投影，投影线和 H 面之交点 a 称为点 A 的水平投影。投影线与 V 面的交点 a' 称为点 A 的正面投影。投影线与 W 面的交点 a'' 称为点 A 的侧面投影，如图 6-14 所示。展开并去掉投影面边框后的三面投影图，如图 6-15 所示。

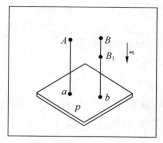

图 6-13 点的投影

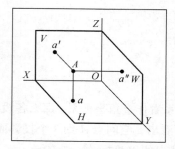

图 6-14 点的三面投影

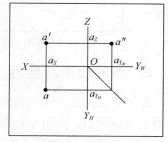

图 6-15 投影图

1. 点的投影规律

（1）点的正面投影和水平投影的连线垂直 OX 轴。这两个投影到 OZ 轴和 OY 轴的距离相等，都反映空间点的 X 坐标，即 $aa' \perp OX$ 轴。

（2）点的正面投影和侧面投影的连线垂直 OZ 轴。这两个投影到 OX 轴和 OY 轴的距离相等，都反映空间点的 Z 坐标，即 $a'a'' \perp OZ$ 轴。

（3）点的水平投影到 OX 轴的距离和点的侧面投影到 OZ 轴的距离相等，都反映空间点的 Y 坐标，即 $aa_x = a'a_x$。

可见在点的三面投影图中，每两个投影都具有一定的联系性。因此，只要给出一点的任何两个投影，就可以求出其第三投影。

【例6-1】 如图6-16所示，已知点 *A* 的正面投影 *a'* 及侧面投影 *a"*，试求其水平投影 *a*。

分析 已知 *A* 的正面投影 *a'* 及侧面投影 *a"*，则点 *A* 的空间位置已经确定，因此，可作出其水平投影 *a*。

作图步骤如图6-17~图6-20所示。

① 设置极轴增量角为45°，打开"极轴"，启用"极轴追踪"功能。

② 利用"极轴"作$\angle Y_WOY_H$的角平分线，如图6-17所示。

③ 过 *a'* 所作 *OX* 的垂线，如图6-18所示。

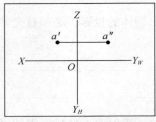
图6-16 已知点的两面投影求第三投影

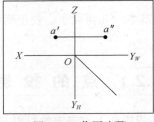
图6-17 作图步骤

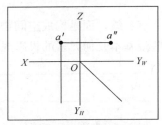
图6-18 作图步骤

④ 过 *a"* 作 Y_W 的垂线使与角平分线相交，自交点作 Y_H 的垂线，如图6-19所示。

⑤ 交点即是 *a*。修剪图线，标注字母，完成作图，如图6-20所示。

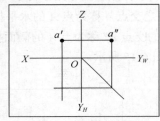
图6-19 作图步骤

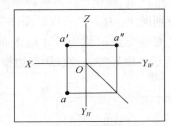
图6-20 作图步骤

2. 点的投影与坐标

若把图6-14所示的三投影体系看作直角坐标系，那么各投影轴就相当于坐标轴。三轴的交点 *O* 为坐标原点。由图6-14可以看出，空间点 *A* 到3个投影面的距离就等于它的3个坐标。

- *A* 点到 *W* 面的距离等于 *A* 点的 *X* 坐标（$Aa" = Oa_X$）。
- *A* 点到 *V* 面的距离等于 *A* 点的 *Y* 坐标（$Aa' = Oa_Y$）。
- *A* 点到 *H* 面的距离等于 *A* 点的 *Z* 坐标（$Aa = Oa_Z$）。

因此，已知一点的3个坐标，就可以求出该点的三面投影。

【例6-2】 已知点 *B*（20，25，15），求作三面投影图。

① 启用"正交"功能。

② 绘制投影轴并标记，如图6-21（a）所示。

③ 执行"偏移"命令，命令行提示如下。

```
命令：_offset
指定偏移距离或 [通过(T)/删除(E)/图层(L)] <10>：20  ↵          //输入偏移距离"20"。
选择要偏移的对象，或 [退出(E)/放弃(U)] <退出>：              //选择要偏移的对象"铅垂轴线"。
指定要偏移的那一侧上的点，
```

或 [退出(E)/多个(M)/放弃(U)] <退出>：	//点取铅垂轴线左侧。
选择要偏移的对象，或 [退出(E)/放弃(U)] <退出>： ↵	//按 Enter 键。
命令： ↵	//按 Enter 键重复执行偏移命令。
OFFSET	
指定偏移距离或 [通过(T)/删除(E)/图层(L)] <20>： 15 ↵	//输入偏移距离"15"。
选择要偏移的对象，或 [退出(E)/放弃(U)] <退出>：	//选择要偏移的对象"水平轴线"。
指定要偏移的那一侧上的点，	
或 [退出(E)/多个(M)/放弃(U)] <退出>：	//点取水平轴线上侧。
选择要偏移的对象，或 [退出(E)/放弃(U)] <退出>： ↵	//按 Enter 键。
命令： ↵	//按 Enter 键重复执行偏移命令。
OFFSET	
指定偏移距离或 [通过(T)/删除(E)/图层(L)] <15>： 25 ↵	//输入偏移距离"25"。
选择要偏移的对象，或 [退出(E)/放弃(U)] <退出>：	//选择要偏移的对象"铅垂轴线"。
指定要偏移的那一侧上的点，	
或 [退出(E)/多个(M)/放弃(U)] <退出>：	//点取铅垂轴线右侧。
选择要偏移的对象，或 [退出(E)/放弃(U)] <退出>： ↵	//按 Enter 键。
命令： ↵	//按 Enter 键重复执行偏移命令。
OFFSET	
指定偏移距离或 [通过(T)/删除(E)/图层(L)] <25>： ↵	//确认偏移距离"25"。
选择要偏移的对象，或 [退出(E)/放弃(U)] <退出>：	//选择要偏移的对象"水平轴线"。
指定要偏移的那一侧上的点，	
或 [退出(E)/多个(M)/放弃(U)] <退出>：	//点取水平轴线下侧。
选择要偏移的对象，或 [退出(E)/放弃(U)] <退出>： ↵	//按 Enter 键结束偏移命令。

效果如图 6-21（b）所示。

④ 修剪图线，标注字母，完成作图，如图 6-21（c）所示。

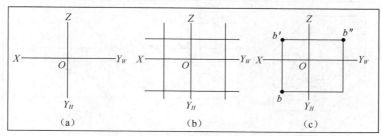

图 6-21　求点的三面投影

3. 两点的相对位置

两点的相对位置指两点在空间的上下、前后、左右位置关系。可以利用不同点在相同投影面的坐标大小来判断。

- X 坐标大的在左
- Y 坐标大的在前
- Z 坐标大的在上

例如图 6-22 中，A 点的 X 坐标大于 B 点的 X 坐标，因此 A 点在 B 点的左侧。A 点的 Y 坐标大于 B 点的 Y 坐标，因此 A 点在 B 点的前方。A 点的 Z 坐标小于 B 点的 Z 坐标，因此 A 点在 B 点的下方。

4．重影点及其可见性

两点的某两个坐标相同时，在某一投影面上具有重合的投影，则这两点称为对该投影面的重影点。对于这样的一组同面投影重合点，在对该投影面投射时，会存在可见不可见的问题。如图 6-23 所示，点 A 和点 C 为对 H 面的重影点，沿着对 H 面投射线方向观察，点 A 的 Z 坐标大于点 C 的 Z 坐标，则点 A 遮住了点 C，即点 A 的水平投影可见，点 C 的水平投影不可见。对于不可见投影的符号要加括号表示。

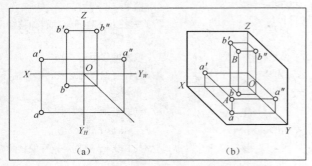
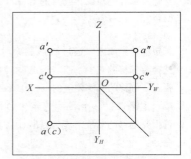

图 6-22　两点的相对位置　　　　　　　图 6-23　重影点的可见性

6.2.2　直线的投影

由几何学知识可知，空间两点可确定一条直线。因此要用投影来表达空间直线，只需绘制直线上任意两点（直线段可取其两端点）的投影，然后连接该两点在同一投影面上的投影即可得到直线的三面投影，如图 6-24 所示。

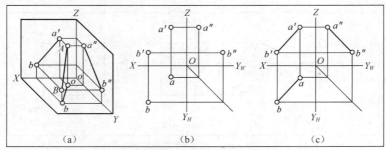

图 6-24　直线的投影

根据直线与投影面的相对位置直线，可分为投影面平行线、投影面垂直线和一般位置直线 3 种类型。前两种直线又称为特殊位置直线。

1．投影面平行线

在三面体系中，平行于一个投影面且与其他两投影面倾斜的直线称为投影面平行线。根据该直线平行于哪一个投影面又可分为正平线、水平线、侧平线 3 种。

- 正平线　直线平行于 V 面，倾斜于 H、W 面。
- 水平线　直线平行于 H 面，倾斜于 V、W 面。
- 侧平线　直线平行于 W 面，倾斜于 H、V 面。

投影面平行线的投影及投影特性见表 6-1 所示。

表 6-1　　　　　　　　　　　　　　投影面平行线的投影及投影特性

名称	水 平 线	正 平 线	侧 平 线
直观图			
投影图			
投影性质	1. 水平投影 ab 反映实长 2. 正面投影 $a'b'/\!/OX$，侧面投影 $a''b''/\!/OY_W$，且都小于实长 3. β、γ 反映直线对 V 面和 W 面倾角的真实大小	1. 正面投影 $c'd'$ 反映实长 2. 水平投影 $cd/\!/OX$，侧面投影 $c''d''/\!/OZ$，且都小于实长 3. α、γ 反映直线对 H 面和 W 面倾角的真实大小	1. 侧面投影 $e''f''$ 反映实长 2. 水平投影 $ef/\!/OY_H$，正面投影 $e'f'/\!/OZ$，且都小于实长 3. α、β 反映直线对 H 面和 V 面倾角的真实大小

2. 投影面垂直线

在三面体系中，垂直于一个投影面且必平行于另两个投影面的直线称为投影面垂直线。根据该直线垂直于不同的投影面又分为 3 种。

- 正垂线是直线垂直于 V 面并与 H、W 面平行。
- 铅垂线是直线垂直于 H 面并与 V、W 面平行。
- 侧垂线是直线垂直于 W 面并与 V、H 面平行。

投影面垂直线的投影及投影特性见表 6-2 所示。

表 6-2　　　　　　　　　　　　　　投影面垂直线的投影及投影特性

名称	铅 垂 线	正 垂 线	侧 垂 线
直观图			
投影图			
投影性质	1. 水平投影积聚成一点 2. 正面投影 $a'b'$、侧面投影 $a''b''$ 都反映实长 3. $a'b'\perp OX$、$a''b''\perp OY_W$	1. 正面投影积聚成一点 2. 水平投影 cd、侧面投影 $c''d''$ 都反映实长 3. $cd\perp OX$、$c''d''\perp OZ$	1. 侧面投影积聚成一点 2. 水平投影 ef、正面投影 $e'f'$ 都反映实长 3. $ef\perp OY_H$、$e'f'\perp OZ$

3. 一般位置直线

一般位置直线对投影面 *V*、*H*、*W* 均为倾斜，两端点的坐标差都不等于零，如图 6-25 所示的直线 *CD*。

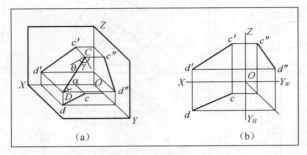

图 6-25　一般位置直线

由图可知一般位置直线的投影特性。

（1）一般位置直线的 3 个投影之长均小于其实际长度。

（2）三面投影均倾斜于投影轴，且它们与投影轴的夹角不反映该直线与投影面的倾角。

4. 直线与点的相对位置

直线上的点有以下特性。

（1）点在直线上，则点的投影必在该直线的同面投影上。反之，如果点的投影均在直线的同面投影上，则点必在该直线上，否则点不在该直线上，即具有从属性。

（2）若点在直线上，则点将线段的同面投影分割成与空间直线相同的比例。也就是说直线上的点分割直线之比，在投影后保持不变，即具有定比性。

图 6-26 中所示的直线 *AB*，*C* 点为 *AB* 上一点。*AC* 和 *CB* 线段的比值满足下列关系：

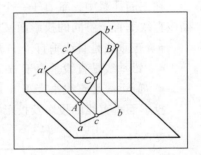

图 6-26　定比性

$$AC/CB=ac/cb=a'c'/c'b'$$

5. 两直线的相对位置

两直线的相对位置有平行、相交和交叉 3 种情况。平行和相交的两直线都是属于同一平面（共面）的直线，而交叉两直线则是不同平面（异面）的直线。

（1）两直线平行

① 如果空间两直线互相平行，则两直线的同面投影必定互相平行，反之亦然，如图 6-27 所示。

② 两直线平行，其长度之比等于各同面投影长度之比，如图 6-27 所示。如果 *AB*∥*CD*，则

$$AB:CD=ab:cd=a'b':c'd'。$$

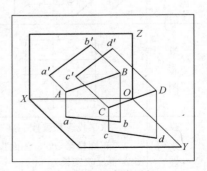

图 6-27　两直线平行

（2）两直线相交

如果两直线在空间相交，则它们的各同面投影必相交，且交点符合一个点的投影规律。反之，如果两直线的各同面投影相交，且交点符合一个点的投影规律，则此两直线在空间必定相交。

（3）两直线交叉

如果空间两直线既不平行，又不相交，则称为两直线交叉。交叉两直线不存在共有点，但必存在重影点。其同面投影表面为相交的点，不符合一个点的投影规律，实际是两直线在处于同一投射线上的两点（重影点）的投影。

6.2.3 平面的投影

平面是基本的几何元素，也是构成物体表面的基本要素。

1. 各种位置平面的投影特性

平面对投影面的位置有一般位置平面、投影面垂直面和投影面平行面 3 种。投影面垂直面和投影面平行面也称为特殊位置平面。

（1）一般位置平面

一般位置平面指与 3 个投影面均成倾斜的平面，如图 6-28 所示。由图可以看出一般位置平面投影特性为他的 3 个投影仍是平面图形，而且面积缩小，平面与 3 个投影面的倾角也不能在投影上反映出来。即如果平面与 H、V、W 投影面的倾角分别用 α、β、γ 表示，则 3 个投影都不能反映 α、β、γ 实际大小。

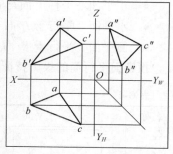

图 6-28 一般位置平面

（2）投影面垂直面

投影面垂直面指垂直于某一投影面，而与另两投影面倾斜的平面。由于有 V、H、W 3 个投影面，因此也有 3 种不同的投影面垂直面。

- 正垂面为垂直于 V 面，与 H、W 面倾斜。
- 铅垂面为垂直于 H 面，与 V、W 面倾斜。
- 侧垂面为垂直于 W 面，与 V、H 面倾斜。

投影面垂直面的投影特征见表 6-3 所示。

表 6-3　　　　　　　　　　　　　投影面垂直面的投影特征

名称	铅　垂　面	正　垂　面	侧　垂　面
立体图			

续表

名称	铅 垂 面	正 垂 面	侧 垂 面
投影图			
投影特性	1. 水平投影积聚为直线 2. 正面投影和侧面投影为类似图形	1. 正面投影积聚为直线 2. 水平投影和侧面投影为类似图形	1. 侧面投影积聚为直线 2. 水平投影和正面投影为类似图形

可见投影面垂直面的投影特征为在它所垂直的投影面上的投影，积聚为一条与投影轴倾斜的直线，该直线与投影轴的夹角分别反映了平面与另外两投影面倾角的真实大小，其余两面投影具有类似性。

（3）投影面平行面

投影面平行面指平行于某一投影面，垂直于另两投影面的平面。同上也有 3 种不同的投影面平行面。

- 正平面 平行 V 面与 H 面、W 面垂直。
- 水平面 平行于 H 面与 V、W 面垂直。
- 侧平面 平行于 W 面与 V、H 面垂直。

投影面平行面的投影特征见表 6-4 所示。

表 6-4 投影面平行面的投影特征

名称	水平面	正平面	侧平面
立体图			
投影图			
投影特性	1. 水平投影反映实形 2. 正面投影和侧面投影积聚为直线	1. 正面投影反映实形 2. 水平投影和侧面投影积聚为直线	1. 侧面投影反映实形 2. 水平投影和正面投影积聚为直线

可见投影面平行面的投影特征为在它所平行的投影面上的投影反映实形，另外两面投影积聚为与相应投影轴平行的直线。

2. 平面内的点和直线

一条直线或一个点是否在平面上，必须根据直线和点在平面上的几何条件来确定。

（1）平面上取直线

直线在平面上的几何条件如下所述。

① 若一条直线通过平面上的两个已知点，则此直线必在该平面上。

② 若一条直线通过平面上的一个点，且平行于平面上的另一条直线，则此直线必在该平面上。

如图 6-29（a）所示，由相交两条直线 AB、AC 确定的平面上，在直线 AB 上取一点 M，在直线 AC 上取一点 N，过此两点的直线 MN 必在该平面上。

（2）平面内取点

点在平面内的几何条件如下所述。

若点位于平面内任一条直线上，则此点在该平面内。

在平面内取点，可以先在平面内作一条辅助线，然后在该直线上取点。

在图 6-29（b）中，由相交两直线 AB、AC 确定的平面上，过 M、N 两点作一条辅助直线 MN，在直线 MN 上取一点 K，由于 K 点在直线 AB、AC 所确定的平面上的直线 MN 上，所以 K 点必在该平面上。

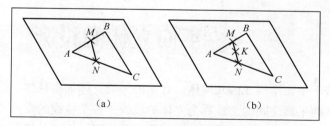

图 6-29　平面内的直线和点

【例 6-3】 已知三角形 ABC 的两面投影，如图 6-30 所示，在三角形 ABC 平面上取一点 K，使 K 点在 B 点之下 18mm，在 B 点之前 18mm，试求 K 点的两面投影。

（1）启用"正交"功能，过 b、b' 两点分别作水平辅助线，如图 6-31 所示。

（2）执行"偏移"命令，将两条水平辅助线分别向下侧偏移 18mm 和 18mm，与 $a'b'$ 边交于 e' 点，与 $b'c'$ 边交于 f' 点，与 ab 边交于 g 点，与 bc 边交于 h 点，如图 6-32 所示。

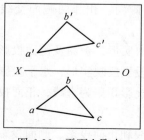

图 6-30　平面上取点

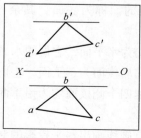

图 6-31　平面上取点

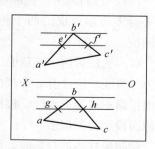

图 6-32　平面上取点

（3）删除多余线条，过 e' 点和 f' 点分别作垂直线，与 ab 边交于 e 点，与 bc 边交于 f 点，如

图 6-33 所示。

（4）删除多余线条，过 g 点和 h 点分别作垂直线，与 a'b' 边交于 g'点，与 b'c' 边交于 h'点，如图 6-34 所示。

（5）删除多余线条，连接 e、f 点和 g、h 点，两直线交点即为 k 点；连接 e'、f'点和 g'、h' 点，两直线交点即为 k'点，如图 6-35 所示。

（6）整理图形，如图 6-36 所示。

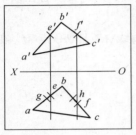
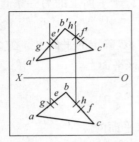
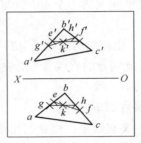
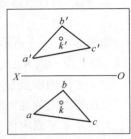

图 6-33 平面上取点　图 6-34 平面上取点　图 6-35 平面上取点　图 6-36 平面上取点

6.3
平面立体的投影

平面立体指由若干平面所围成的几何体。常见的平面立体如棱柱体、棱锥体等。平面立体的表面都是多边形，两平面之间的交线称为立体的棱线，各个棱线的交点称为顶点。绘制平面立体的投影图，就是绘制组成其表面的各棱面和底面的投影，也就是说要画出组成这些面的棱线和顶点的投影。

6.3.1 棱 柱

（1）棱柱的投影

棱柱可以由一个平面多边形沿某一不与其平行的直线移动一段距离（拉伸）形成。由原平面多边形形成的两个相互平行的面称为底面，其余各面称为侧面。相邻两侧面交线称为侧棱。

以六棱柱为例，其顶面、底面均为水平面，它们的水平投影反映实形，正面及侧面投影积聚为一直线。棱柱有 6 个侧棱面，前后棱面为正平面，它们的正面投影反映实形，水平投影及侧面投影积聚为一直线。棱柱的其他四个侧棱面均为铅垂面，水平投影积聚为直线，正面投影和侧面投影为类似形。

绘制棱柱体的投影时，可先用点画线画出水平投影的对称中心线和正面投影、侧面投影的对称中心线，再画出正六棱柱的水平投影（为一正六边形），根据棱柱的高度画出顶面和底面的正面投影与侧面投影。连接顶面、底面对应顶点的正面投影和侧面投影，即可得到棱线和棱面的投影。可见棱线画成粗实线，不可见棱线画虚线，当它们重合时画成粗实线。

（2）表面上取点

平面立体表面的取点问题，可归结为平面上的取点问题，即点在平面上，则点必在平面上的一条直线上。因此，在平面立体表面上取点时必须首先确定该点在平面立体的哪一个棱面上。通常，可以过点的已知投影，在平面立体的相关棱面上作一条辅助线。求出该辅助线的另外两个投影，则点的另外两个投影必在辅助线的同面投影上。在取点作图过程中，要注意给定条件，充分利用积聚性。

【例6-4】　如图6-37所示，已知正六棱柱表面上点 M、N 的正面投影 m' 和 n'，求其水平投影和侧面的投影。已知 K 点的水平投影，求其正面投影和侧面的投影。

（1）设置极轴增量角为 45°，启用"极轴"和"极轴追踪"功能。

（2）利用"极轴"绘制如图6-38所示的辅助线。

（3）过 m' 和 n' 和 k 点分别作垂直辅助线，得交点 m、n 和 k'，如图6-39所示。

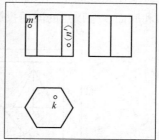

图 6-37　表面上取点

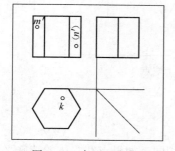

图 6-38　表面上取点

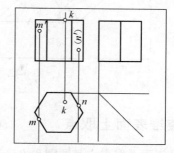

图 6-39　表面上取点

（4）过 $m'n'$、m、n 和 k 点分别作水平辅助线，如图6-40所示。

（5）利用"极轴追踪"绘制点 m''、n'' 和 k''，删除辅助线，如图6-41所示。

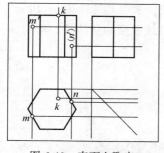

图 6-40　表面上取点

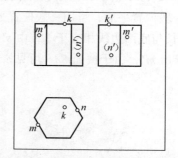

图 6-41　表面上取点

<h1 style="text-align:center">6.3.2　棱　　锥</h1>

棱锥是由一个平面多边形和多个三角形围成的立体图形。底部的水平多边形平面称为底面，其余的各三角形平面称为侧面。侧面交线称为侧棱。棱锥的侧棱线交于有限远的一点（锥顶）。

1．棱锥的投影

以正三棱锥为例，其底面△ABC 为水平面，其水平投影△abc 反映实形，正面和侧面投影积聚为平行于相应投影轴的直线。后棱面△SAC 为侧垂面，其侧面投影积聚为斜直线，正面和侧面投影均为三角形的类似形。左右两个侧棱面△SAB 和△SBC 为一般位置平面，其三面投影均为类似形。

绘制正放的正三棱锥的投影图，可先绘制棱锥顶点 S 及底面△ABC 的三面投影，然后将锥顶和底面 3 个顶点的同面投影连接起来，即得正三棱锥的三面投影，如图 6-42（a）所示。

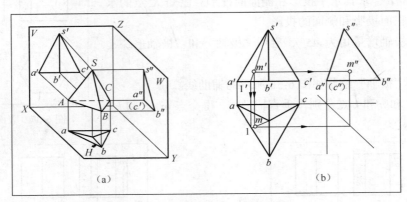

图 6-42　棱锥的投影及表面上取点

2．棱锥表面上取点

在棱锥表面上取点，其原理和方法与在平面上取点相同，如果点在立体的特殊平面上，可利用该平面投影有积聚性作图。如果点在立体的一般位置平面上，则可利用辅助线作图，并表明可见性。

如图 6-42（b）所示，已知 M 点的正面投影 m′，根据可见性可判断 M 点在棱面△SAB 上。该棱面是一般位置平面，可用一般位置平面上取点的方法，求得其他投影 m 和 m″。首先连接 s′m′，并延长与底面边线相交于 1′，由 s′1′s1，然后根据直线上点的从属性，求出 m，最后再根据 m、m′求出 m″，由于棱面 SAB 可见，所以 m″ 可见。

6.4 回转体的投影

回转体是由回转面或回转面与平面所围成的立体。回转面是由母线（直线或曲线）绕某一轴线旋转而形成的，曲面上任一位置的母线称为素线。工程上常见的回转体有圆柱、圆锥和圆球。

6.4.1 圆 柱

圆柱是由圆柱面和顶圆平面、底圆平面围成的。圆柱面可以看作是一条直母线绕与它平行的轴线旋转而形成，圆柱面上的素线都是平行于轴线的直线。

1. 圆柱体的投影

圆柱的顶面、底面是水平面，所以水平投影反映圆的实形，即投影为圆。其正面投影和侧面投影积聚为直线。水平投影积聚为圆，与上下底面的圆的投影重合，如图 6-43（a）所示。

在圆柱的正面投影中，前、后两半圆柱面的投影重合为一矩形，矩形的两条竖线分别是圆柱最左、最右素线的投影，也就是圆柱前后分界的转向轮廓线的投影。在圆柱的侧面投影中，左右两半圆柱面重合为一矩形，矩形的两条竖线分别是最前、最后素线的投影，也就是圆柱左右分界的转向轮廓线的投影，如图 6-43（b）所示。

2. 圆柱表面上点的投影

若点在转向轮廓线上，可直接根据线上取点的方法直接找出点的投影。若点不在转向轮廓线上，可根据圆柱面的积聚性，先找出点的积聚性投影，然后再根据点的投影规律找点的其余投影，如图 6-43（c）所示。

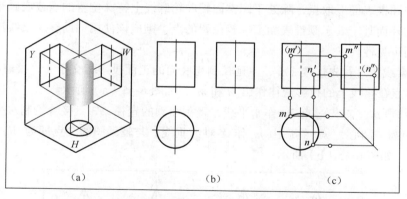

图 6-43 圆柱的投影及表面上取点

6.4.2 圆 锥

圆锥体由圆锥面和底面所围成。圆锥面可以看成是由一条直母线绕与它相交的轴线旋转而成的。

1. 投影分析

如图 6-44（a）所示，圆锥底面为水平面，它在水平面上的投影为圆，此圆既是圆锥面的投影，也是圆锥底平面的实形投影。

圆锥体的正面投影是等腰三角形，其两腰是圆锥体正面投影的最左、最右的轮廓素线，三角形的底边是圆锥底平面的积聚性投影。

圆锥体的侧面投影也是等腰三角形，只是等腰三角形的两腰是圆锥体最前、最后的轮廓素线，三角形的底边也是圆锥底平面的积聚性投影。

绘制轴线处于垂直位置时的圆锥三面投影图，首先用细点画线绘制中心线和轴线。接着绘制圆锥反映为圆的投影。然后绘制锥顶的各投影，最后绘制特殊位置素线的投影，如图 6-44（b）所示。

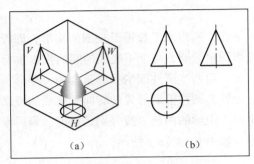

图 6-44　圆锥的投影

2.　圆锥体表面上取点

轴线处于特殊位置的圆锥，只有底面两个投影有积聚性，而圆锥面的三个投影都没有积聚性。因此，在圆锥表面上取点，除处于圆锥面转向轮廓线上特殊位置的点或底圆平面的点，可以直接求出之外而其于处于圆锥表面上一般位置的点，则应该使用辅助线（素线法或纬圆法）作图，并表明可见性。

① 辅助素线法　首先连接 $s'm'$，并延长到与底面的正面投影相交于 $1'$，接着根据 $s'1$ 求得 $s1$，最后根据点在直线上的投影规律作出 m 和 m''，如图 6-45（a）所示。

② 辅助纬圆法　首先过点 m' 作水平线，得到纬圆的直径 $2'3'$。接着绘制水平投影为一直径等于 $2'3'$ 的圆，圆心为 s。然后由 m' 作 X 轴的垂线，与辅助圆的交点即为 m。最后根据 m' 和 m 求出 m''，如图 6-45（b）所示。

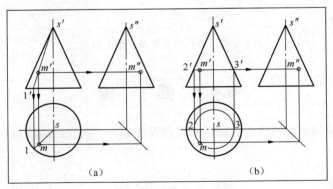

图 6-45　圆锥体表面上取点

6.4.3　圆　　　球

圆球是由圆球面所围成的立体。球面是由半圆绕其直径旋转一周形成的。

1. 圆球的投影

如图 6-46 所示，圆球的 3 个投影是圆球上平行相应投影面的 3 个不同位置的转向轮廓圆。正面投影的轮廓圆是前、后两半球面的可见与不可见的分界线。水平投影的轮廓圆是上、下两半球面的可见与不可见的分界线。侧面投影的轮廓圆是左、右两半球面的可见与不可见的分界线。

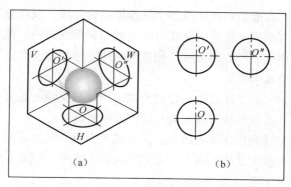

图 6-46　圆球的投影

绘制圆球的三面投影时，可先绘制对称中心线，确定出球心 O 的 3 个投影 o、o'、o''，再以 o、o'、o'' 为圆心分别画出 3 个与圆球直径相等的圆。

2. 圆球表面上点的投影

由于圆球是一种最特殊的回转面，过球心的任意一直径都可作为回转轴，因此过其表面上一点可作无数个圆。为了作图简便，求属于圆球表面上的点，常利用过该点并与各投影面平行的纬圆为辅助线。

若所找点在转向轮廓线上，同样可根据线上找点的方法来求，但应注意圆球的转向轮廓线为圆，如图 6-47（b）所示。

若点在一般位置，只能利用平行于某一投影面的辅助圆来进行作图，如图 6-47（c）所示。平行于 H 面的圆在正面投影中必为水平方向的线段，故首先过点 n' 作一条直线与正视转向线的投影相交于 $1'$ 点和 $2'$ 点，两交点间的长度 $1'2'$ 即为所作辅助圆的直径，绘制水平辅助圆，借助此圆即可求出 n、n'' 点。

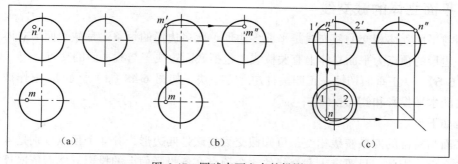

图 6-47　圆球表面上点的投影

6.5 立体表面的交线

一个机器零件往往可看成是由两个或多个基本体组合而成，或者是某个基本体经一个或多个平面切截而成，因此其表面上常见的交线有截交线和相贯线两种。截交线指平面（称为截平面）与立体相交，在立体表面产生的交线。相贯线指两立体相交，在立体表面产生的交线。对于截交线来说有如下两个基本性质。

（1）封闭性。由于相交的立体占有一定的空间，所以截交线一般是一个封闭的平面图形，且其形状与大小取决于立体的形状及截平面与立体的相对位置。

（2）共有性。即截交线既在立体表面上，又在截平面上，是二者共有点的集合。因此，求作截交线的投影可归结为求作立体表面上一系列的线段（棱线、纬圆或素线）与截平面的交点，然后将其按一定顺序连线即可。

> 如果立体的形状确定，截平面与立体的相对位置也确定，则在两者相交后，截交线的形状便会自然产生，而不是由人工刻意要求的。因此，在求作截交线投影时，必须首先根据相交立体的形状和截平面相对于立体的位置来分析截交线的性质和形状，然后再根据几何作图原理和投影三等定理找到截交线的投影。

求截交线的方法和步骤如下。

（1）分析立体的表面性质、截平面与投影面的相对位置、截平面与立体的相对位置，初步判断截交线的形状及其投影特性。

（2）求出特殊位置点。

（3）补充一些一般位置点。

（4）补全轮廓线，光滑地连接各点，得到截交线的投影。

6.5.1 截 交 线

1. 平面立体的截交线

平面与平面立体相交的截交线是平面多边形。此多边形的每条边是截平面与立体各棱面的交线，多边形的顶点为平面立体上有关棱线（包括底面边线）与截平面的交点。

【例6-5】 一正垂面切掉一正四棱柱左上方一块（如图6-48（a）所示），求作截交线及被切后棱柱的水平投影和侧面投影。

分析如下。

截平面与棱锥的四条棱线相交，可知截交线应该是四边形，其4个顶点分别是4条棱线与截平面的交点。因此，只要求出截交线的4个顶点在各投影面上的投影，然后依次连接顶点的同名投影，就可得到截交线的投影。

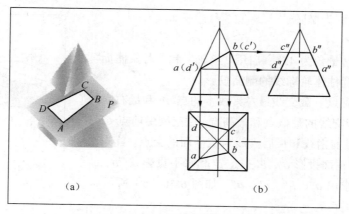

图 6-48 正四棱柱与正垂面相交

作图如下。

（1）利用积聚性求交点的正面投影 a'、b'、（c'）、（d'）。

（2）求出各交点的水平投影 a、b、c、d 和侧面投影 a''、b''、c''、d''。

（3）依次连接 $abcd$ 和 $a''b''c''d''$，即得截交线的水平投影和侧面投影。

（4）去掉被截平面切割部分，可知截断面各投影可见，如图 6-48（b）所示。

2. 曲面立体的截交线

平面与曲面立体相交，截交线一般是封闭的平面曲线。曲面立体的形状不同，截交线的形状会不同，截交线相对于立体的位置不同，截交线的形状也会有所不同。

（1）圆柱的截交线。平面与圆柱相交时，根据截平面与圆柱轴线的相对位置不同，截交线有 3 种不同的形状，如表 6-5 所示。

表 6-5　　　　　　　　　　　　　　　　圆柱的截交线

截平面位置	平行于轴线	垂直于轴线	倾斜于轴线
空间形体			
投影图			
截平面形状	矩形	圆	椭圆

【**例 6-6**】 已知斜切圆柱体的主视图和俯视图，求左视图。

分析如下。

截平面与圆柱轴线斜交，截交线应该是椭圆，它是截平面与圆柱面的共有线。由于截平面为正垂面，因此截交线的正面投影积聚成一直线，水平面投影与圆柱面的水平面投影重合，为整个圆周，侧面投影为椭圆。

作图如下。

① 设置极轴增量角为 45°，启用"极轴"和"对象捕捉"。

② 首先作出圆柱体轮廓线的侧面投影。

③ 求特殊位置点。截交线最左素线上的点 A 和最右素线
上的点 B 分别是截交线的最低点和最高点。截交线最前点 C 和
最后点 D 分别是最前素线和最后素线与截平面的交点。首先作
出 A、B、C、D 的正面投影 a'、b'、c'、d' 和水平投影 a、b、c、
d，根据从属关系求出 a''、b''、c''、d''，如图 6-50（a）所示。

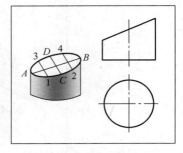

图 6-49 平面与圆柱斜交

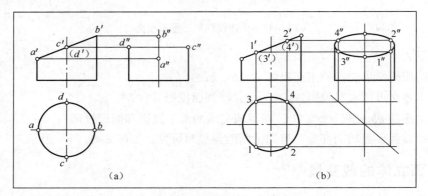

图 6-50 平面与圆柱斜交

④ 求一般位置点。在特殊点之间作出适量一般位置点Ⅰ、Ⅱ、Ⅲ、Ⅳ，首先作出其水平投
影 1、2、3、4，然后作出正面投影 1'、2'、3'、4'，再根据水平投影和正面投影作出其侧面投影
1''、2''、3''、4''，如图 6-50（b）所示。

⑤ 使用样条曲线命令依次将所作点 a''、b''、c''、d''、1''、2''、3''、4''光滑连接，即得截交
线的侧面投影。完成平面与圆柱斜交左视图，如图 6-50（b）所示。

（2）圆锥的截交线。平面与圆锥相交时，根据截平面与圆锥轴线的相对位置不同，截交线
有 5 种不同的形状，如表 6-6 所示。

表 6-6　　　　　　　　　　　　　　　　　圆锥的截交线

截平面位置	与轴线垂直	与轴线平行	与轴线倾斜	过圆锥顶点	平行于任一素线
空间形体					
投影图					
截平面形状	圆	双曲线加直线	椭圆	三角形	抛物线加直线

【例 6-7】 已知图 6-51 为截切圆锥体后截交线的侧面投影，求其水平投影和正面投影。

分析如下。

截平面为不过锥顶而平行于圆锥轴线的正平面，截交线应该是双曲线，其侧面和水平投影积聚为直线，正面投影为双曲线，反映实形。

作图如下。

① 设置极轴增量角为 45°，启用"极轴"、"对象捕捉"。

② 求特殊位置点。绘制辅助线，利用"对象追踪"绘制截交线的水平投影。可直接求出水平投影 a、b、c，继而求出正面投影 a′、b′、c′，如图 6-52 所示。

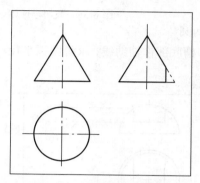

图 6-51　平面与圆锥相交图

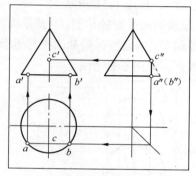

图 6-52　平面与圆锥相交

③ 求一般位置点。在侧面投影中的截交线上取适当数量的中间点 d″、e″，过 d″、e″ 作辅助水平线，交正面投影于 1′、2′ 两点，以 1′2′ 为直径在水平面投影中作纬圆。可求得 d、e，利用 d′、e′ 求出 d′、e′，如图 6-53 所示。

④ 光滑连接同面投影中各点，即可求出截交线的水平投影和正面投影，如图 6-54 所示。

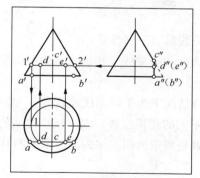

图 6-53　平面与圆锥相交

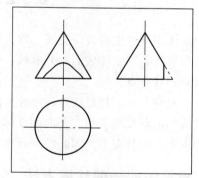

图 6-54　平面与圆锥相交

（3）圆球的截交线

平面与圆球相交，不论截平面处于什么位置，其截交线都是圆。但根据截平面与投影面的相对位置不同，其截交线的投影可能为圆、椭圆或积聚成一条直线。

- 截平面平行于某投影面时，截交线在该投影面上的投影为圆。
- 截平面垂直于某投影面时，截交线在该投影面上的投影积聚为直线。
- 截平面倾斜于某投影面时，截交线在该投影面上的投影为椭圆。

【例 6-8】求图 6-55 所示半球体截切后的俯视图和左视图。

分析如下。

水平面截圆球的截交线的投影，在俯视图上为部分圆弧，在侧视图上积聚为直线。两个侧平面截圆球的截交线的投影，在侧视图上为部分圆弧，在俯视图上积聚为直线。

作图如下。

① 通槽的水平投影作图。过槽底部作辅助线，求出水平投影中水平面截圆球的截交线投影（圆弧）的半径，绘制前后两段圆弧，并绘制两个侧平面截圆球的截交线的投影（直线），如图 6-56 所示。

② 通槽侧面投影的作图。两侧平面距球心等远，两圆弧的半径相等，两段圆弧的侧面投影重合，过槽顶部和槽底部作辅助线，求得圆弧半径和弦高，并绘制圆弧，如图 6-57 所示。

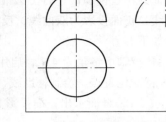

图 6-55　截切半球体

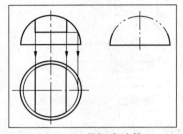

图 6-56　截切半球体

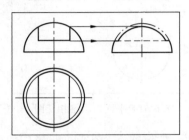

图 6-57　截切半球体

③ 判断可知侧面投影上中部线段不可见，球的轮廓大圆只画到此线处。

6.5.2　相　贯　线

两个立体相交产生的表面交线，称为相贯线。相贯线具有下列性质。

（1）相贯线是两立体表面的共有线，也是两立体表面的分界线，相贯线上的点一定是两相交立体表面的共有点。

（2）一般情况下，相贯线是封闭的空间曲线，特殊情况下为平面曲线或直线。

相贯线的形状取决于相交两曲面立体的形状以及不同的相贯位置。由于相贯线上的点为两相交立体表面上的共有点，因此，求画相贯线实际上就是要求出两立体表面一系列的共有点。

1. 相贯线的一般作图方法

当相贯的两立体表面的某一投影具有积聚性时，相贯线的一个投影必积聚在这个投影上，相贯线的其余投影可按着曲面立体表面取点的方法求出。

【例 6-9】 已知两圆柱的三面投影，求作其相贯线的投影，如图 6-58 所示。

① 求特殊点。从正面投影轮廓线的交点求得两圆柱相贯线的最左点和最右点 a'、b'。从

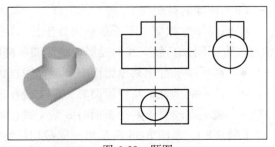

图 6-58　题图

侧面投影轮廓线的交点求得相贯线最前点、最后点的侧面投影 c''、d''，由从属关系求出其余两面投影，如图 6-59（a）所示。

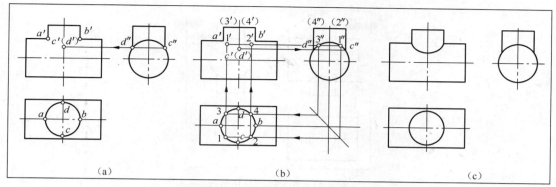

图 6-59　表面取点法求作相贯线

② 求一般点。从侧面投影轮廓线上任取四点 $1''$、$2''$、$3''$、$4''$，求出其正面投影点 $1'$、$2'$、$3'$、$4'$，如图 6-59（b）所示。

③ 判别相贯线的可见性。前半相贯线的正面投影可见，因前后对称，后半相贯线与前半相贯线重影。

④ 依次连接 $1'$、$2'$、$3'$、$4'$ 点成光滑曲线，即得相贯线的正面投影，如图 6-59（c）所示。

2.　相贯线的特殊情况

一般情况下，两回转体的相贯线是空间曲线。特殊情况下，相贯线可能是平面曲线或直线。

（1）当两个回转体同轴相交时，它们的相贯线都是垂直于轴线的圆。当回转体轴线平行于投影面时，相贯线在该投影面上的投影是垂直于轴线的直线，如图 6-60（a）所示。

（2）当两回转体相交，并外切于同一球面时，其相贯线是两个相交的椭圆，如图 6-60（b）所示，椭圆的正面投影为两圆柱投影轮廓线交点的连线。

（3）当两个回转体轴线平行时，其相贯线为直线，如图 6-60（c）所示，两轴线平行的圆柱相交时，其相贯线为平行于圆柱轴线的直线。

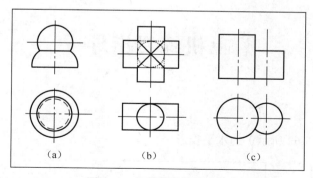

图 6-60　相贯线的特殊情况

3.　相贯线的简化画法

在工程制图中，当不需要精确画出相贯线时，可以用近似画法简化绘制相贯线。如两正交圆柱且直径不等时，相贯线的正面投影可采用大圆柱的半径为半径画圆弧代替，如图 6-61 所示。

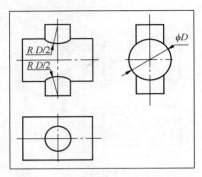

图 6-61　相贯线的简化画法

小　结

　　本章主要介绍投影的基本知识及点的投影。通过学习，要掌握点的两面投影、三面投影的规律及各种位置点的投影特性。

　　工程制图主要采用"正投影法"，它的优点是能准确反映形体的真实形状，便于度量，能满足生产上的要求。

　　3 个视图都是表示同一形体，它们之间是有联系的，具体表现为视图之间的位置关系，尺寸之间的"三等"关系以及方位关系。这 3 种关系是投影理论的基础，必须熟练掌握。

　　画三视图时要注意，除了整体保持"三等"关系外，每一局部也保持"三等"关系，其中特别要注意的是俯、左视图的对应，在度量宽相等时，度量基准必须一致，度量方向必须一致。

上机练习指导

【练习内容】

求作顶针（如图 6-62 所示）的水平投影。

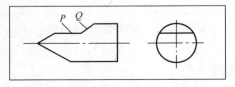

图 6-62　上机练习

【练习指导】

分析如下。

顶针的基本形体是由同轴的圆锥和圆柱组成。上部被一个水平截面 P 和一个正垂面 Q 切去一部分，表面上共出现 3 组截交线和一条 P 面与 Q 面的交线，由于截面 P 平行于轴线，所以它与圆锥面的交线为双曲线，与圆柱面的交线为两条平行直线。而截面 Q 与圆柱斜交，交线为一段椭圆曲线。

绘图如下。

（1）画出截切前顶针的水平投影，如图 6-63 所示。

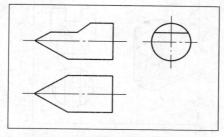

图 6-63　绘制顶针的水平投影

（2）绘制水平截面截切圆锥得到的截交线的投影 1、2、3、4、5，如图 6-64 所示。

（3）绘制水平截切面截切圆柱体得到的截交线的投影 5、6、7、1，如图 6-65 所示。

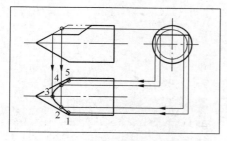

图 6-64　绘制顶针的水平投影

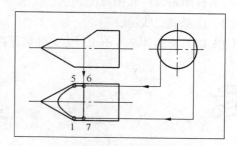

图 6-65　绘制顶针的水平投影

（4）绘制正垂面截切圆锥体的投影 6、7、8、9、10，如图 6-66 所示。

（5）绘制圆锥与圆柱的分界线的投影，整理图线，完成图形和绘制，如图 6-67 所示。

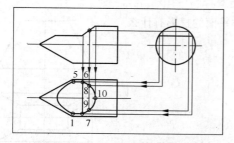

图 6-66　绘制顶针的水平投影

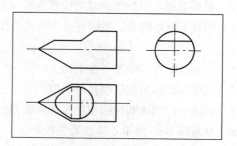

图 6-67　绘制顶针的水平投影

实例训练

【实训内容】

补作圆柱开槽、切口后左视图,如图 6-68 所示。

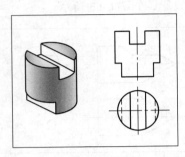

图 6-68　实例训练

【实训要求】

(1)抄画正视图和俯视图。
(2)注意截交线的绘制。
(3)以"实例训练 6.dwg"为文件名保存文件。

习 题

1. 空间点的前后位置反映在哪些投影上?
2. 已知两点 A(20,12,8)、B(15,18,25),画出其三面投影。
3. 如何根据投影判断两点相对位置?
4. 根据直线与投影面的相对位置直线可分几种类型。
5. 相对于投影体系,平面可分为哪些类型?各类平面的投影有什么特性?
6. 如何判断点、线是否在平面上?
7. 同轴回转体的相贯线是何类型?
8. 轴线平行的两圆柱的相贯线是何类型?
9. 补画图 6-69 所示立体的第三投影。
10. 绘制图 6-70 所示回转体的另一投影,并补全切口部分的投影。
11. 完成图 6-71 所示相贯体的各投影。

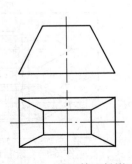

图 6-69　补画第三投影

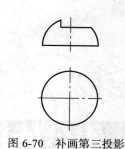

图 6-70　补画第三投影

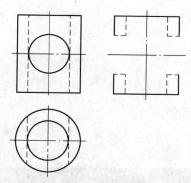

图 6-71　完成投影

第7章
组合体视图

【学习目标】

1. 了解组合体的组合形式及相对位置关系
2. 掌握组合体视图的绘制方法与步骤
3. 掌握用形体分析法和线面分析法读组合体视图的方法和步骤
4. 掌握组合体的尺寸标注方法

7.1 组合体的形体分析

组合体从形体角度分析，都是由棱柱、棱锥、圆柱、圆锥、球体等一些简单的平面体和曲面体组成。分析组合体是由哪些基本几何形体组成，并确定它们的组合方式、相对位置及形体邻接表面的连接关系，这是进行组合体绘图、识图和正确标注尺寸的基础。

7.1.1 组合体的组合方式

组合体的组成方式分为叠加式、切割式和综合式 3 种。从计算机辅助设计与绘图的角度出发，叠加式组合体就相当于布尔运算中的"并集"或"交集"运算结果，而切割式组合体则相当于"差集"运算结果。

1. 叠加式组合体

叠加式组合体指实形体和实形体相互堆积。对于由基本立体叠加而成的组合体，绘图时可按形体逐一画出各基本立体投影，最后得到组合体完整的投影。

2. 切割式组合体

首先将组合体总体形状看成是某一种完整的基本体，再用平面、曲面或其他基本体进行切割，从实形体中挖去一个实形体，被挖去的部分就形成空腔或孔洞，如图 7-2 所示。

3. 综合式组合体

单一的叠加式或切割式组合体比较少见，一般的立体往往是由叠加和切割两种方式组合起来形成的综合式组合体，如图 7-3 所示。

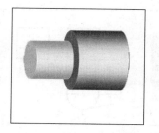

图 7-1 叠加式组合体图

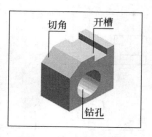

图 7-2 切割式组合体

图 7-3 综合式组合体

7.1.2 组合体表面的连接关系

由于构成组合体的形体其形状、大小、位置关系、连接形式不同，各表面之间会产生不同的连接关系。

在分析组合体时，各形体相邻表面之间的连接关系，按其表面形状和相对位置不同可分为平齐、不平齐、相交和相切 4 种情况。连接关系不同，连接处投影的画法也不同。

1. 平齐

相邻两基本形体上的两个平面互相平齐地连接成一个平面，则它们在连接处是共面关系，不再存在分界线。因此在绘制它的主视图时不应该再绘制它们的分界线，如图 7-4 所示。

2. 不平齐

当相邻两基本形体相邻表面不平齐（即不共面）时，相应视图中连接处应该用线条隔开，如图 7-5 所示。

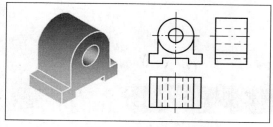

图 7-4 平齐的画法

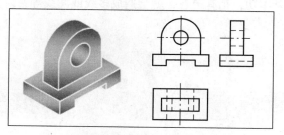

图 7-5 不平齐的画法

3. 相交

当相邻两基本形体的表面相交时，在相交处会产生各种形状的交线，应在视图相应位置处画出交线的投影，如图 7-6 所示。

4. 相切

当相邻两基本形体的表面相切时，由于在相切处两表面是光滑过渡的，不存在明显的分界线，故在相切处不再绘制分界线的投影，但底板的顶面投影应画到切点处，如图7-7所示。

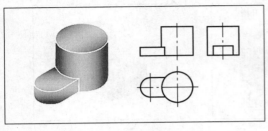

图7-6　相交的画法

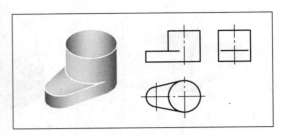

图7-7　相切的画法

在绘制此类图形时，当曲面相切的平面，或两曲面的公切面垂直于投影面时，在该投影面上投影要绘制出相切处的转向投影轮廓线，否则不应该绘制公切面的投影。

7.1.3　形体分析法

形体分析法指假想把一个复杂立体分成几个基本几何体来分析的方法。它是一种"化整为零"的方法，也是绘制组合体视图的基本方法。

形体分析法的基本要点是：根据物体的形状特征，将其分解成若干部分，分析各部分之间的相互位置关系和表面连接关系，从而正确绘制出物体的投影。

利用形体分析法可把复杂的物体转变为简单的形体，便于深入分析和理解复杂物体的本质，可提高绘图速度，提高绘图质量。但在使用形体分析方法绘图时，要注意形体分析法是分析问题的方法，不能影响物体本身的整体性。

用计算机辅助绘制组合体的三面投影，分析方法与上述相同，也必须首先进行形体分析，再动手绘图。虽然准确度和速度可以提高，但正确性仍然主要取决于绘图者在工程制图方面的基本功，稍有疏忽，就会造成多线或漏线等错误。

7.2

组合体视图的绘图

组合体的形状是多种多样的，但任何复杂的组合体都可以分解为由若干个简单的基本几何形体。因此，画图时必须首先假想地把组合体分解成若干部分，即若干个基本几何体的视图，并根据它们的组合形式的不同，画出它们之间连接处的交线投影，以完成整个组合体的视图。

7.2.1　进行形体分析

（1）分析它们是由哪些简单的基本几何体组成的。

（2）各基本几何体之间又是按什么形式组合的。

（3）它们各自对投影的相对位置关系如何。

从形体分析中，进一步认识组合体的结构特点，为正确地绘制组合体的视图做好准备。

7.2.2　选择主视图

主视图是三视图中最重要的视图，主视图选择恰当与否，直接影响组合体视图表达的清晰性。选择主视图时要注意以下原则。

（1）组合体应按自然位置放置，即保持组合体自然稳定的位置。

（2）主视图应较多地反映出组合体的结构形状特征，即把反映组合体的各基本几何体和它们之间相对位置关系最多的方向作为主视图的投影方向。

（3）在各视图中虚线的数量要尽可能少，即在选择组合体的安放位置和投影方向时，要同时考虑各视图中，不可见部分最少，以尽量减少各视图中的虚线。

7.2.3　正　确　绘　图

正确的绘图方法和步骤是保证绘图质量和提高绘图效率的关键。

① 在绘制组合体的三视图时，应分清组合体上结构体形状的主次，先绘制其主要部分，后绘制其次要部分。

② 在绘制每一部分时，要先绘制反映该部分形状特性的视图，后绘制其他视图。

③ 要严格按照投影关系，3 个视图配合起来逐一绘制出每一组成部分的投影。

具体作图步骤如下。

（1）形体分析。

（2）设置绘图环境。

（3）布局（布置图面）。布局指确定各视图在图纸上的位置。布局前先把图纸的边框和标题的边框画出来。各视图的位置要匀称，并注意两视图之间要留出适当距离，用以标注尺寸。大致确定各视图的位置后，绘制基准线。每个视图应画出与相应坐标轴对应的两个方向的基准线。

（4）绘图。根据以上形体分析的结果，逐步绘制出它们的三视图。

① 先绘制主要形体，后绘制次要形体。

② 先绘制外形轮廓，后绘制内部细节。

③ 先绘制可见部分，后绘制不可见部分。对称中心线和轴线可用点划线直接绘出，不可见部分的虚线也可直接绘出。

（5）填写标题栏。绘制完成后，按照形体及绘图顺序和投影规律进行检查，纠正错误和补充遗漏（不能多线、也不能漏线）。检查无误后，填写标题栏，完成全图。

【例】　绘制图 7-8 所示轴承座的三视图。

1．形体分析

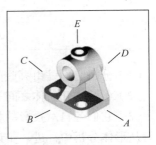

图 7-8　轴承座

该轴承座由凸台、轴承、支承板、肋板及底板组成。

凸台与轴承是两个垂直相交的圆柱筒，在外表面和内表面上都有相贯线。支承板、肋板和底板分别是不同形状的平板，支承板的左右侧面都与轴承的外圆柱面相切，肋板的左右侧面都与轴承的外圆柱面相交，支承板、肋板叠加在底板上。整个组合体左右对称。

将支架按自然位置摆放，对 A、B、C、D，各个方向投影所得的视图进行比较，以 B 向作为主视图的投影方向，最能反映支架各部分形状特征和相对位置。

2．设置绘图环境

（1）设置绘图单位、选图幅。

（2）创建图层，设置线型、颜色、线宽。

（3）创建文字样式。

（4）设置辅助绘图模式。

（5）绘制图框与标题栏。

3．绘图

（1）布置视图，设置"中心线"层为当前层，利用"直线"命令绘制对称轴线。设置"轮廓"层为当前层，利用"直线"命令绘制基准线，如图 7-9 所示。

（2）设置"轮廓"层为当前层，使用"直线"等命令绘制底板，如图 7-10 所示。

（3）设置"轮廓"层为当前层，使用"圆"和"直线"等命令绘制圆筒，设置"虚线"层为当前层，使用"直线"命令绘制内部虚线，如图 7-11 所示。

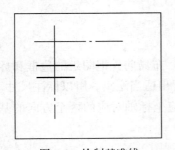

图 7-9　绘制基准线

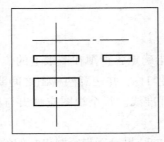

图 7-10　绘制底板

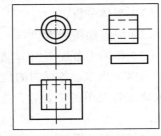

图 7-11　绘制圆筒

（4）设置"轮廓"层为当前层，使用"直线"等命令绘制支承板，如图 7-12 所示。

（5）设置"轮廓"层为当前层，使用"直线"等命令绘制肋板，如图 7-13 所示。

（6）设置"轮廓"层为当前层，使用"直线"、"圆"和"圆角"等命令绘制凸台。凸台与圆筒的内、外表面均有交线，应先画形体后画交线，如图 7-14 所示。

（7）检查无误后，填写标题栏，完成图形绘制。

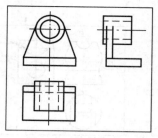

图 7-12　绘制支承板

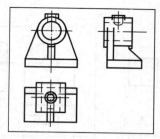

图 7-13　绘制肋板

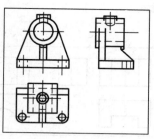

图 7-14　绘制凸台

7.3 组合体视图的识读

组合体视图是工程图的表达基础，看组合体视图能力的培养是培养阅读工程图的一个重要方面，是体现由平面的"图"到空间的"物"这个空间想象能力的重要过程。在读图实践中，要注意以下几点要领。

1. 将各个视图联系起来读

在工程图样中，组合体的形状是通过几个视图来表达的，每个视图只能反映机件一个方面的形状，因而，仅由一个或两个视图往往不能唯一地表达某一组合体的形状。

图 7-15 中所示的两组视图，它们的主视图、俯视图均相同，必须同左视图联系起来看，才能明确组合体各部分的形状和相对位置。

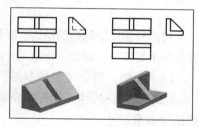

图 7-15　视图联系

2. 充分利用视图中形状与位置的特征

读图时，必须抓住反映形状特征和位置特征的视图。

如图 7-16 所示，看主、左视图无法确定物体凹进部分形状，而俯视图明显地反映了形状特征，只要把主、俯两个视图联系起来看，就很容易想象出物体的形状。

如图 7-17 所示，左视图明显的反映了物体的位置特征，只有把主、左两个视图联系起来看，才能明确物体的外形。

3. 理解视图中的线框和图线的含义

视图中每个封闭线框，通常都是物体一个表面（平面或曲面），或者是孔的投影。视图中的每一条图线则可能是平面或曲面的积聚投影，也可能是线的投影。因此，将几个视图联系起来对照分析，才能明确视图中线框和图线所表示的意义。

图 7-18 所示立体中，图线 A 为垂面积聚性投影，图线 B 为圆柱的积聚性投影，图线 C 是两圆柱相贯线的投影。线框 1 为正垂面的投影，线框 2 表示通孔，线框 3 为圆柱面的

投影。

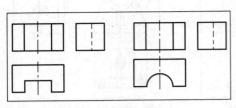

图 7-16　形状特征

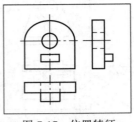

图 7-17　位置特征

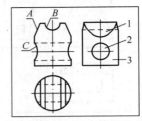

图 7-18　线框和图线的含义

4．善于进行空间构思

掌握正确的思维方法，不断把构思结果与已知视图对比，及时修正有矛盾的地方，直至构想的立体与视图所表达的物体完全吻合为止。

这种边分析、边想象、边修正的方法在实践中是一种行之有效的思维方式。也只有多分析，勤思考，才能不断提高自己分析问题解决问题的能力。

7.4　组合体的尺寸标注

视图只能反应物体的结构、形状，物体的大小必须依靠标注尺寸来确定，尺寸是制造零部件和设备的重要依据，因此，标注尺寸时应该做到完整清晰、注写正确并有助于读图。基本要求如下。

（1）正确。符合《机械制图》国家标准中有关尺寸标注的规定。

（2）齐全。尺寸必须能完全确定立体的形状和大小，不能漏注和重复标注尺寸，一般也不能标注多余尺寸。

（3）清晰。尺寸必须标注在适当的位置，以便读图。

因此，标注尺寸时要注意下列几点。

（1）尺寸应尽量标注在表达该形体特征最明显的视图上，同一形体的定形尺寸和定位尺寸应尽量集中标注，以便读图。

（2）为使图形清晰，应尽量将尺寸注在视图外面。相邻视图有关尺寸最好注在两视图之间。

（3）尺寸应尽量避免标注在虚线上。

（4）同轴回转体的各径向尺寸一般注在非圆视图上，圆弧半径应注在投影为圆弧的视图上。

（5）同方向平行并列尺寸，小尺寸在内，大尺寸在外，间隔均匀，依次向外分布，以免尺寸界限与尺寸线相交，影响看图。同一方向串联尺寸，箭头应首尾相连，排在同一直线上。

7.4.1　基本体的尺寸标注

常见基本几何体的尺寸注法。一般平面立体要标注长、宽、高 3 个方向的尺寸；回转体要标注径向和轴向两个方向的尺寸，并加上尺寸符号（直径符号"ϕ"或"$S\phi$"）。对圆柱、圆锥、圆球、圆环等回转体，一般在不反映为圆的视图上标注出带有直径符号的直径和轴向尺寸，就能确定它们的形状和大小，其余视图可省略不画，如图 7-19 所示。

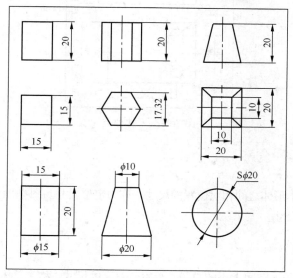

图 7-19　基本几何体的尺寸标注

基本几何体被切割（或两基本形体相贯）后的尺寸注法。对这类形体，除了需标注基本几何体的尺寸大小外，还应标注截平面（或相贯的两形体之间）的定位尺寸，不应标注截交线（或相贯线）的大小尺寸。因为截平面与几何体（或者相贯的两形体）的位置确定之后，截交线（或相贯线）的形状和大小就确定了，如图 7-20 所示。

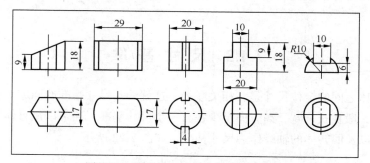

图 7-20　具有切口的基本体的尺寸标注

7.4.2　组合体的尺寸种类

组合体尽管形体各异，但都可以看成是由一些基本体组成的，因此，在标注组合体尺寸时，可用形体分析法标注出定形尺寸和定位尺寸。

1.　定形尺寸

确定组合体中各基本形体形状和大小的尺寸，称为定形尺寸。图 7-21 中所示直径 $\phi10$，即为圆筒的定形尺寸。

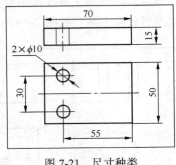

图 7-21 尺寸种类

2. 定位尺寸

确定组合体中各基本形体之间相对位置的尺寸，称为定位尺寸。图 7-21 中所示确定圆孔位置的尺寸 55 和 30 即为定位尺寸。

3. 总体尺寸

确定组合体外形和所占空间大小的总长、总宽、总高的尺寸，称为总体尺寸。图 7-21 中所示尺寸 70、50 即为总体尺寸。

这里须注意组合体的定形、定位尺寸已标注完整，再加上总体尺寸有时会出现尺寸的重复，必须进行调整。

 若组合体的端部为回转体，则该处总体尺寸一般不直接注出，通常只注回转体中心线位置尺寸。

7.4.3 尺 寸 基 准

组合体各形体之间的定位尺寸是互相关联的，这就涉及尺寸基准的问题。标注尺寸的起点称为尺寸基准，一般在长、宽、高方向至少各有一个尺寸基准。通常以组合体的对称平面、重要的底面或端面以及回转体的轴线作为尺寸基准，如图 7-22 所示。

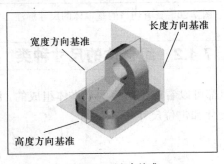

图 7-22 尺寸基准

（1）物体的长、宽、高每个方向要有一个主要基准。
（2）通常以组合体较重要的端面、底面、对称平面和回转体的轴线为主要基准。
（3）回转体一般确定其轴线的位置为主要基准。
（4）以对称平面为主要基准标注对称尺寸时，不应从对称平面往两边标注。

7.4.4　组合体的尺寸标注步骤

（1）看懂视图，对组合体进行形体分析。
（2）选择长、宽、高3个方向的尺寸基准，长度方向以空心圆柱右端面为基准，宽度方向以前后对称面为基准，高度方向以底面为基准。
（3）逐一标出各组成部分的定位尺寸。
（4）逐一标出各组成部分的定形尺寸和总体尺寸。
（5）调整标注项目和标注位置，使其更合理、清晰。
（6）检查、完成。
　为保证图面所注尺寸清晰，还应注意下列几点。
（1）每一尺寸，只标注一次，不应出现重复和多余尺寸。
（2）尺寸应尽量标注在表示该形体最清晰的视图上，避免在虚线上标注尺寸。
（3）凡与相邻视图有关的尺寸，为了便于对照和查找，可配置在两视图之间。
（4）圆弧半径的尺寸，一定要标注在表示该圆弧实形的视图上。
（5）组合体表面的相贯线，不允许标注尺寸，而应标注有关形体的定形与定位尺寸。

小　结

　　本章介绍了采用形体分析法、线面分析法进行组合体画图、读图及标注尺寸的方法，这部分内容是培养空间分析能力和空间想象能力的重要环节。
　　绘制组合体视图时，对叠加为主的组合体，主要运用形体分析法，逐个形体画图。先画主要形体，后画次要形体；先定位置，后画形状；先画形体，后画交线；先画具有形状特征的视图，后画其他视图以及尽可能几个视图联系起来画；对切挖式的组合体，主要运用面形分析法。选一个难易程度适当的形体作为画图的基础，画出其视图，再在此基础上按面形画出斜面和切口的投影。
　　读图过程中要将不完整形体的视图用恢复原形法完整起来想象。抓住特征视图，将几个视图联系起来，根据视图中线框和线的含义理解读图。
　　组合体的尺寸标注要正确、合理、清晰、完整，基本形体的尺寸应集中标注在特征视图上。
　　形体分析法是画图、读图和标注尺寸的必要手段，一定要熟练掌握。画图和读图能力的提高也不是一朝一夕的事，要坚持多画、多看、多想才能有更大的收获。

上机练习指导

【练习内容】

绘制图 7-23 所示支架的三视图。

图 7-23 支架

【练习指导】

1．形体分析

支架的组合方式为综合式。

整体由底板和支承板两大部分构成，底板为四棱柱，支承板为四棱柱和半圆柱叠加而成。底板和支承板之间的连接关系为叠加。底板上切去两个三棱柱的角，中间对称开槽切割成四棱柱加半圆柱的 U 型槽。因此底板为切割式组合体。支板处挖去一圆柱，也为切割式组合体。

2．视图选择

首先选择主视图。支架按如图 *S* 方向放置。底板和支承板两个部分叠加成 L 型，这是主要形状特征，因此，确定 *S* 方向作为主视图的投射方向，这样，俯视图上表示底板切去的两个角和 U 型槽的实形，左视图上表示支承板半圆柱和圆孔的实形，整个支架表达清晰完整。

3．作图

（1）创建文档。启动 AutoCAD，单击"新建"按钮，在"创建新图形"对话框中，选择"默认设置"为"公制"，创建一个文件名为"支架三视图.dwg"的图形文件。

（2）设置绘图环境。

① 规划图层。利用"图层"命令，创建"粗实线"层，设置颜色为绿色，线型为 Continuous，线宽为 0.5mm；"细点画线"层，设置颜色为红色，线型为 Center；"虚线"层，设置颜色为黄色，线型为 Hidden；"尺寸"层，设置颜色为黄色，线型为 Continuous。

② 设置图限。用"图形界限"命令设置图限，左下角为（0,0），右上角为（210,297）。

③ 设置草图。利用"草图设置"命令，设置对象捕捉模式为：端点、中点、圆心、象限点、交点，并设置极轴角增量为 15°，确定追踪方向。

④ 启动辅助绘图工具。在状态行上依次单击"极轴"、"对象捕捉"和"对象追踪"、"线宽"

按钮。

⑤ 设置图形显示。执行 ZOOM（图形缩放）命令的 All 选项，显示图形界限。

（3）将"中心线"层设置为当前层，布置视图，画基准线，如图 7-24 所示。

（4）将"粗实线"层设置为当前层，绘制底板和支承板，如图 7-25 所示。

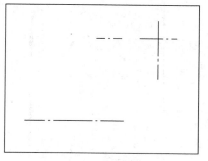

图 7-24　画基准线

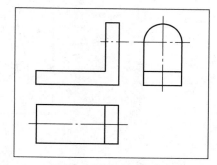

图 7-25　绘制底板和支承板

（5）绘制底板和支承板上的细部结构，如图 7-26 所示。

（6）删除辅助线条或图形，如图 7-27 所示。

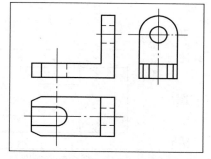

图 7-26　绘制底板和支承板上的细部结构

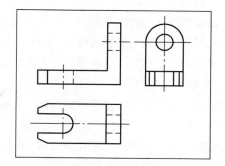

图 7-27　整理图形

4．保存图形文件

实例训练

【实训内容】

绘制图 7-28 所示轴承座的三视图。

【实训要求】

（1）合理设置绘图环境。

（2）正确设置标注样式。

（3）合理标注尺寸。

（4）以"实例训练 7.dwg"为文件名保存。

图 7-28　轴承座

　习　题

1. 试述组合体的画图步骤。

2. 试述组合体的看图步骤。

3. 选择尺寸基准时应注意哪些问题?

4. 试述组合体的尺寸标注步骤。为保证图面清晰,标注尺寸时应注意哪些问题?

5. 设计一个包含 3 个形体的组合体,并画出它的三视图,标注尺寸。

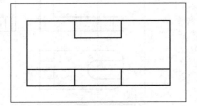

图 7-29　题图

6. 根据已知主视图,如图 7-29 所示,构思几种不同形状的组合体,并分别绘制另外两个视图。

7. 根据已知图形补画图 7-30 所示组合体视图中所缺的图线。

8. 在图 7-31 左视图上绘制 A、B、C 三面投影,并判断它们的相对位置。

（1）A 面是＿＿＿＿＿＿＿＿面?

（2）B 面是＿＿＿＿＿＿＿＿面?

（3）B 面在 C 面之＿＿＿＿＿＿＿＿?

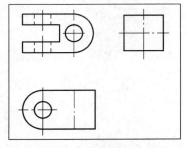

图 7-30　补画图线

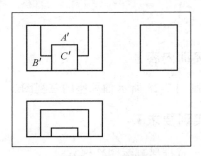

图 7-31　补画投影

9. 根据图 7-32 所示组合体的两视图，补画第三视图。

10. 分析图 7-33 所示组合体尺寸，并补齐所缺的尺寸。

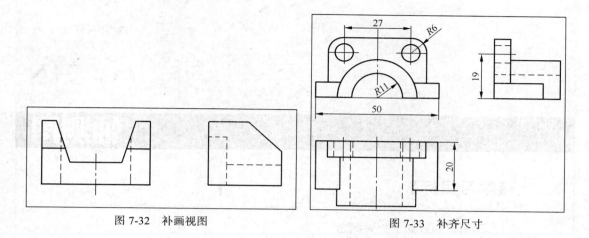

图 7-32　补画视图

图 7-33　补齐尺寸

第8章

轴测图

【学习目标】

1. 理解轴测投影的相关概念
2. 熟练掌握正等轴测图的绘制方法与步骤
3. 掌握斜二等轴测图的绘制方法

8.1

轴测图基本知识

在工程上广泛应用的正投影图（三视图），可以准确完整地表达出立体的真实形状和大小。它作图简便，度量性好，但立体感较差。而轴测图（立体的轴测投影图）能在一个投影面上同时反映出物体 3 个方面的形状，所以富有立体感，直观性强，可这种图不能表示物体的真实形状，度量性也较差，因此，常用作正投影图的辅助图样。

8.1.1　轴测图的形成与分类

轴测图是一种单面投影图。用平行投影法将物体连同确定其空间位置的直角坐标系，沿不平行于任一坐标平面的方向，一起投射到选定的单一投影面上所得投影，如图 8-1 所示。它能同时反映物体的正面、水平面和侧面形状，所以立体感较强。

在轴测图上，空间 3 根坐标轴（投影轴）在轴测投影面上的投影称为轴测轴，两根轴测轴之间的夹角称为轴间角，轴测轴上的单位长度与相应的轴测轴上的单位长度的比值称为轴向伸缩系

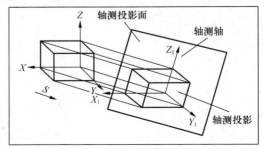

图 8-1　轴测图的形成

数。OX 轴、OY 轴、OZ 轴的轴向伸缩系数分别用 p、q、r 表示。

根据投影方向不同，轴测图分为正轴测图和斜轴测图两类。根据轴向伸缩系数不同，每类轴测图又可分为等测轴测图、二测轴测图和三测轴测图 3 类。

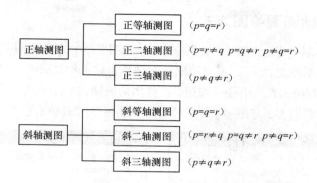

工程绘图中使用较多的是正等轴测图和斜二轴测图，本章只介绍这两种轴测图的绘制方法。

8.1.2　轴测图的投影特性

由于轴测图是用平行投影法得到的，因此具有以下投影特性。

（1）平行性：物体上互相平行的线段在轴测图上仍然互相平行。

（2）定比性：物体上两平行线段长度之比在轴测图上保持不变。

（3）真实性：物体上平行于轴测投影面的平面，在轴测图中反映真形。

凡是与坐标轴平行的线段，都可以沿轴向进行作图和测量，而空间不平行于坐标轴的线段在轴测图上的长度不具备上述特性。

8.2

正等轴测图

当物体上的 3 根直角坐标轴与轴测投影面的倾角相等为 $120°$，用正投影法所得到的图形，称为正等轴测图，简称正等测。其中 Z 轴规定画成铅垂方向，如图 8-2 所示。正等测的各轴向伸缩系数相同，均为 $p=q=r=0.82$。实际绘图时，为作图方便，一般均取为 1。

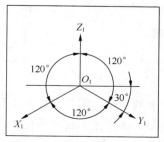

图 8-2　正等轴测图的轴间角

8.2.1　绘图环境设置

1．建立正等轴测图绘图方式

在 AutoCAD 中绘制正等轴测图时，首先应将二维绘图平面中的直角坐标系转换为正等轴测轴。

选择"工具"|"草图设置…"，或者用鼠标右键单击状态栏"捕捉"、"栅格"、"正交"、"极轴"、"对象捕捉"、"对象追踪"中任一按钮，在弹出的快捷菜单中单击"设置"按钮，打开"草图设置"对话框，参照图 8-3 与图 8-4 设置"极轴和栅格"、"极轴追踪"选项卡。

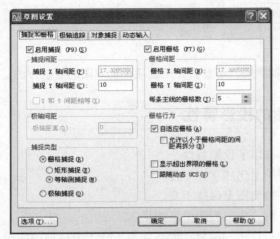

图 8-3　"极轴和栅格"选项卡

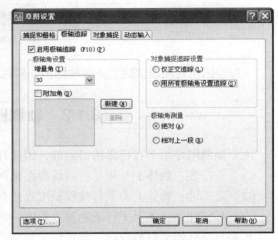

图 8-4　"极轴追踪"选项卡

设置完成后，十字光标的夹角变为 120°，并与正等轴测轴平行，如图 8-5 所示。栅格也平行于正等轴测轴，正交方式也将相对于正等轴测轴。

2．改变当前作图平面

正等轴测图要在一个平面上表示 3 个空间平面，分别以左平面、右平面和上平面区别。不同平面内光标样式不同，如图 8-6 所示。

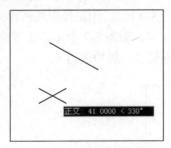

图 8-5　正等轴测轴

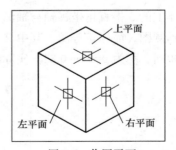

图 8-6　作图平面

绘图时要根据需要进行不同平面间切换。切换方法主要有两种。

（1）利用 F5 功能键。按动 F5 键，绘图平面将在不同平面之间轮流切换。可根据光标样式进行识别。

（2）利用 ISOPLANE 命令，命令格式如下。

命令：ISOPLANE
当前等轴测平面：上
输入等轴测平面设置［左（L）/上（T）/右（R）］＜右＞：r   //选择右（R）选项。
当前等轴测面：右

8.2.2 平面立体的正等轴测图

下面结合实例，介绍平面立体的正等轴测图的绘制方法。

【例 8-1】 绘制图 8-7 所示四棱柱的正等轴测图。

（1）选择"文件"｜"新建"，或在"标准"工具栏中单击"新建"按钮，打开"选择样板"对话框，单击"打开"按钮右侧的下拉按钮，选择"无样板打开-公制（M）"选项新建文档。

（2）单击 F7 打开栅格（再次单击可关闭栅格）。

（3）选择"格式"｜"图层"，或在"图层"工具栏中单击"新图层特性管理"按钮，打开"图层特性管理"对话框，新建"轮廓"层，颜色设置为白色，线型默认。修改"轮廓"层的线宽为 0.6mm。设置当前层为"轮廓"层。

（4）建立正等轴测图绘图方式。

（5）绘制上侧面，如图 8-8 所示。

命令：_line
指定第一点：   //任意指定一点 A。
指定下一点或［放弃（U）］：35 ↵   //右移光标显示 X_1 轴极轴线，输入位移"35"。
指定下一点或［放弃（U）］：20 ↵   //下移光标显示 Y_1 轴极轴线，输入位移"20"。
指定下一点或［闭合（C）/放弃（U）］：35 ↵   //左移光标显示 X_1 轴极轴线，输入位移"35"。
指定下一点或［闭合（C）/放弃（U）］：   //拾取 A 点。
指定下一点或［闭合（C）/放弃（U）］：↵   //按 Enter 键结束命令。

（6）利用"复制"命令，绘制下侧面，如图 8-9 所示。

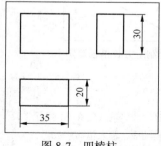

图 8-7 四棱柱

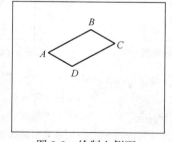

图 8-8 绘制上侧面

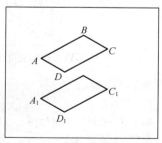

图 8-9 绘制下侧面

命令：_copy
选择对象：指定对角点：找到 4 个   //选择全部对象。
选择对象：↵   //按 Enter 键完成选择。
当前设置：复制模式 = 多个
指定基点或［位移（D）/模式（O）］＜位移＞：   //鼠标指定 C 点为基点。
指定第二个点或＜使用第一个点作为位移＞：30 ↵   //下移光标显示 Z_1 轴极轴线，输入位移"30"。
指定第二个点或［退出（E）/放弃（U）］＜退出＞： ↵   //按 Enter 键结束命令。

（7）执行"直线"命令，利用"捕捉"功能，绘制 AA_1、CC_1 和 DD_1 线段，如图 8-10 所示。

（8）执行"删除"命令，删除应隐藏线段，完成正等轴测图绘制，如图 8-11 所示。

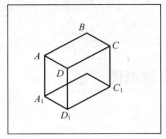

图 8-10　绘制线段

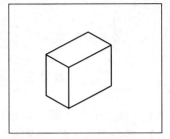

图 8-11　四棱柱的正等轴测图

【例 8-2】根据图 8-12 所示正投影绘制正等测轴测图。

（1）新建文档。

（2）打开栅格。

（3）新建"轮廓"层，颜色设置为白色，线型默认。修改"轮廓"层的线宽为 0.6mm。设置当前层为"轮廓"层。

（4）建立正等轴测图绘图方式。

（5）绘制长立方体轴测图，如图 8-13 所示。

（6）执行"直线"命令，沿 A-B-C-D-E-F-G-H-I-B 点绘制上方长槽轴测图，如图 8-14 所示。

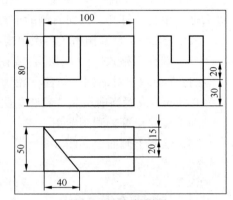

图 8-12　正投影图

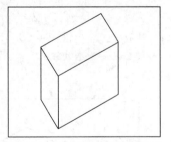

图 8-13　绘制长立方体轴测图

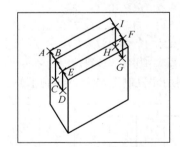

图 8-14　绘制上方长槽轴测图

```
命令：_line
指定第一点：                                //鼠标指定 A 点。
指定下一点或 [放弃(U)]：15   ↵             //下移光标显示 Y₁ 轴极轴线，输入位移"15"。
指定下一点或 [放弃(U)]：30   ↵             //下移光标显示 Z₁ 轴极轴线，输入位移"30"。
指定下一点或 [闭合(C)/放弃(U)]：20   ↵     //下移光标显示 Y₁ 轴极轴线，输入位移"20"。
指定下一点或 [闭合(C)/放弃(U)]：30   ↵     //上移光标显示 Z₁ 轴极轴线，输入位移"30"。
指定下一点或 [闭合(C)/放弃(U)]：100  ↵     //右移光标显示 X₁ 轴极轴线，输入位移"100"。
指定下一点或 [闭合(C)/放弃(U)]：30   ↵     //下移光标显示 Z₁ 轴极轴线，输入位移"30"。
指定下一点或 [闭合(C)/放弃(U)]：20   ↵     //上移光标显示 Y₁ 轴极轴线，输入位移"20"。
指定下一点或 [闭合(C)/放弃(U)]：30   ↵     //上移光标显示 Z₁ 轴极轴线，输入位移"30"。
指定下一点或 [闭合(C)/放弃(U)]：100  ↵     //左移光标显示 X₁ 轴极轴线，输入位移"100"。
指定下一点或 [闭合(C)/放弃(U)]：      ↵     //按 Enter 键结束命令。
```

（7）执行"修剪"或"删除"命令，结果如图 8-15 所示。

（8）执行"直线"命令，沿 *A-B-C-D-E-C* 和 *F-B* 点绘制切割平面轴测图，如图 8-16 所示。

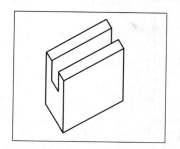

图 8-15 执行"修剪"或"删除"

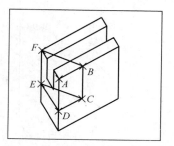

图 8-16 绘制切割平面轴测图

命令：_line	
指定第一点：	//鼠标指定 *A* 点。
指定下一点或 [放弃(U)]：40 ↵	//右移光标显示 X_1 轴极轴线，输入位移"40"。
指定下一点或 [放弃(U)]：50 ↵	//下移光标显示 Z_1 轴极轴线，输入位移"50"。
指定下一点或 [闭合(C)/放弃(U)]：	//左移光标显示 X_1 轴极轴线，拾取交点 *D*。
指定下一点或 [闭合(C)/放弃(U)]：	//上移光标显示 Y_1 轴极轴线，拾取交点 *E*。
指定下一点或 [闭合(C)/放弃(U)]：	//拾取点 *C*。
指定下一点或 [闭合(C)/放弃(U)]： ↵	//按 Enter 键。
命令：_line 指定第一点：	//鼠标指定 *F* 点。
指定下一点或 [放弃(U)]：	//拾取点 *B*。
指定下一点或 [放弃(U)]： ↵	//按 Enter 键。

（9）执行"修剪"或"删除"命令，结果如图 8-17 所示。

（10）执行"直线"命令，绘制上方长槽切割线，如图 8-18 所示。

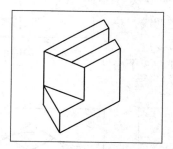

图 8-17 执行"修剪"或"删除"

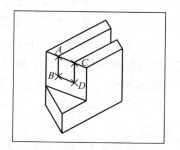

图 8-18 绘制上方长槽切割线

命令：_line	
指定第一点：	//鼠标指定 *A* 点。
指定下一点或 [放弃(U)]：30 ↵	//下移光标显示 Z_1 轴极轴线，输入位移"30"。
指定下一点或 [放弃(U)]： ↵	//按 Enter 键。
命令：_line	
指定第一点：	//鼠标指定 *C* 点。
指定下一点或 [放弃(U)]：30 ↵	//下移光标显示 Z_1 轴极轴线，输入位移"30"。
指定下一点或 [放弃(U)]：	//拾取点 *B*。
指定下一点或 [闭合(C)/放弃(U)]： ↵	//按 Enter 键。

（11）执行"修剪"或"删除"命令，完成正等轴测图绘制，结果如图 8-19 所示。

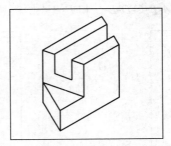

图 8-19　正等轴测图

8.2.3　曲面立体的正等轴测图

曲面立体表面除了直线轮廓线外，还有曲线轮廓线，工程中用得最多的曲线轮廓线就是圆或圆弧。要画曲面立体的轴测图必须先掌握圆和圆弧的轴测图画法。

1．平行于坐标面的圆的正等轴测图

根据正等测的形成原理可知，平行于坐标面的圆的正等轴测图是椭圆。图 8-20 表示按简化伸缩系数绘制的分别平行于 *XOY*、*XOZ* 和 *YOZ* 3 个坐标面的圆的正等轴测投影。

这 3 个圆可视为处于同一个立方体的 3 个不同方位的表面上。绘制步骤如下。

（1）建立正等轴测图绘图方式。

（2）绘制正立方体正等轴测图，如图 8-21 所示。

（3）执行"直线"命令，利用"捕捉"功能绘制辅助线，获得左平面、右平面和上平面的几何中心，如图 8-22 所示。

（4）重复执行绘制椭圆命令，绘制图 8-23 所示的圆在 3 个坐标面上的正等轴测投影。

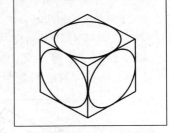

图 8-20　圆的正等轴测图

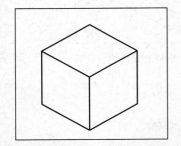

图 8-21　绘制正立方体正等轴测图

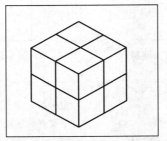

图 8-22　获得各平面的几何中心

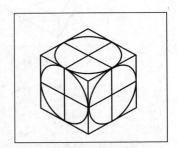

图 8-23　绘制椭圆

命令：_ellipse	//执行绘制椭圆命令。
指定椭圆轴的端点或 [圆弧(A)/中心点(C)/等轴测圆(I)]：i　↵	//选择"等轴测圆(I)"选项。
指定等轴测圆的圆心：	//指定上测面几何中心为圆心。
指定等轴测圆的半径或 [直径(D)]：	//拾取棱线中点。

命令： ＜等轴测平面 右＞	//按 F5 键切换平面。
命令： _ellipse	//执行绘制椭圆命令。
指定椭圆轴的端点或 [圆弧(A)/中心点(C)/等轴测圆(I)]： i ↵	//选择"等轴测圆(I)"选项。
指定等轴测圆的圆心：	//指定右测面几何中心为圆心。
指定等轴测圆的半径或 [直径(D)]：	//拾取棱线中点。
命令： ＜等轴测平面 左＞	//按 F5 键切换平面。
命令： _ellipse	//执行绘制椭圆命令。
指定椭圆轴的端点或 [圆弧(A)/中心点(C)/等轴测圆(I)]： i ↵	//选择"等轴测圆(I)"选项。
指定等轴测圆的圆心：	//指定左测面几何中心为圆心。
指定等轴测圆的半径或 [直径(D)]：	//拾取棱线中点。

（5）删除辅助线，绘制完成。如图 8-24 所示。

2. 圆角的正等测图画法

在绘图设计中，经常会遇到由 1/4 圆柱面形成的圆角轮廓，绘图时就需绘出由 1/4 圆周组成的圆弧，这些圆弧在轴测图上正好近似椭圆的四段圆弧中的一段。因此，这些圆角的画法可由绘椭圆演变而来。图 8-25 所示圆角的正等测图绘制步骤简述如下。

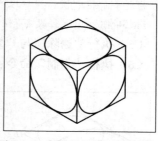

图 8-24　完成后的圆正等轴测图

（1）设置轴测图绘图环境。

（2）绘制上侧面，如图 8-26 所示。

指定下一点或 [放弃(U)]： 60 ↵	//右移光标显示 X_1 轴极轴线，输入位移"60"。
指定下一点或 [放弃(U)]： 40 ↵	//下移光标显示 Y_1 轴极轴线，输入位移"40"。
指定下一点或 [闭合(C)/放弃(U)]： 60 ↵	//左移光标显示 X_1 轴极轴线，输入位移"60"。
指定下一点或 [闭合(C)/放弃(U)]： 40 ↵	//上移光标显示 Y_1 轴极轴线，输入位移"40"。
指定下一点或 [闭合(C)/放弃(U)]： ↵	//按 Enter 键结束命令。

（3）利用圆角半径确定两圆角中心，如图 8-27 所示。

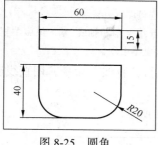

图 8-25　圆角

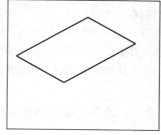

图 8-26　绘制上侧面

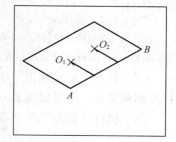

图 8-27　确定两圆角中心

命令： _line	
指定第一点：	//拾取角点 A。
指定下一点或 [放弃(U)]： 20 ↵	//右移光标显示 X_1 轴极轴线，输入位移"20"。
指定下一点或 [放弃(U)]： 20 ↵	//上移光标显示 Y_1 轴极轴线，输入位移"20"。
指定下一点或 [闭合(C)/放弃(U)]： ↵	//按 Enter 键。
命令： _line	
指定第一点：	//拾取角点 B。

指定下一点或 [放弃(U)]: 20 ↵	//左移光标显示 X_1 轴极轴线，输入位移 "20"。
指定下一点或 [放弃(U)]: 20 ↵	//上移光标显示 Y_1 轴极轴线，输入位移 "20"。
指定下一点或 [闭合(C)/放弃(U)]: ↵	//按 Enter 键结束命令。

（4）确定平面为上平面，重复执行绘制椭圆命令，如图 8-28 所示。

命令: _ellipse	
指定椭圆轴的端点或 [圆弧(A)/中心点(C)/等轴测圆(I)]: I ↵	//选择 "等轴测圆(I)" 选项。
指定等轴测圆的圆心:	//指定 O_1 为圆心。
指定等轴测圆的半径或 [直径(D)]: 20 ↵	//下移光标显示 Y_1 轴极轴线，输入半径 "20"。
命令: _ellipse	
指定椭圆轴的端点或 [圆弧(A)/中心点(C)/等轴测圆(I)]: I ↵	//选择 "等轴测圆(I)" 选项。
指定等轴测圆的圆心:	//指定 O_2 为圆心。
指定等轴测圆的半径或 [直径(D)]: 20 ↵	//下移光标显示 Y_1 轴极轴线，输入半径 "20"。

（5）执行'"删除"与"修剪"命令，结果如图 8-29 所示。

（6）执行"复制"命令，结果如图 8-30 所示。

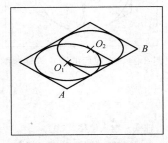

图 8-28 绘制椭圆

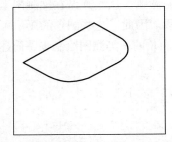

图 8-29 执行"删除"与"修剪"

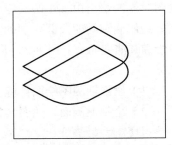

图 8-30 执行"复制"

命令: _copy	
选择对象: 指定对角点: 找到 6 个	//选择全部对象。
选择对象: ↵	//按 Enter 键完成选择。
当前设置: 复制模式 = 多个	
指定基点或 [位移(D)/模式(O)] <位移>:	//鼠标指定左侧端点为基点。
指定第二个点或 <使用第一个点作为位移>: 15 ↵	//下移光标显示 Z_1 轴极轴线，输入位移 "15"。
指定第二个点或 [退出(E)/放弃(U)] <退出>: ↵	//按 Enter 键结束命令。

（7）打开"切点捕捉"功能，用公共切线连接右侧两圆弧，执行"直线"命令，用直线连接左侧两端点，结果如图 8-31 所示。

（8）执行"删除"与"修剪"命令，绘制完成，结果如图 8-32 所示。

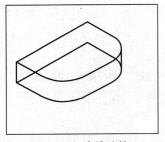

图 8-31 直线连接

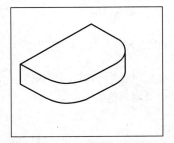

图 8-32 圆角的正等测图

8.3 | 斜二等轴测图

将物体的坐标面 XOZ 放置成与轴测投影面平行，采用平行斜投影法也能得到具有立体感的轴测图，当所选择的斜投射方向使 O_1Y_1 轴与 O_1X_1 轴的夹角为 $135°$，并使 O_1Y_1 轴的轴向伸缩系数为 0.5 时，这种轴测图称为斜二等轴测图，简称斜二测，如图 8-33 所示。

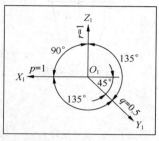

图 8-33　斜二等轴测图

由图可见，O_1Y_1 轴与 O_1X_1 轴的夹角为 $135°$，O_1Y_1 轴与 O_1Z_1 轴的夹角为 $135°$，O_1Z_1 轴与 O_1X_1 轴的夹角为 $90°$。$p=1$，$r=1$，$q=0.5$。由于斜二测中 XOZ 坐标面平行于轴测投影面，所以物体上平行于该坐标面的图形均反映实形。因此，如果形体仅在正面有圆或圆弧时，选用其表达直观形体比较方便。

斜二等轴测图的画法如下。

（1）设置"极轴追踪"。

（2）在视图中定出直角坐标系。

（3）画轴测轴。

（4）绘制出前面的形状。

（5）在该图形中所有转折点处，沿 OY 轴画平行线，在其上截取 1/2 物体厚度，画出后面的可见轮廓线。

（6）修剪或删除多余线条，完成图形。

【例 8-3】　绘制图 8-34 所示圆台的斜二测图。

（1）选择"工具"|"草图设置…"，或者用鼠标右键单击状态栏"捕捉"、"栅格"、"正交"、"极轴"、"对象捕捉"、"对象追踪"中任一按钮，在弹出的快捷菜单中单击"设置"按钮，打开"草图设置"对话框，参照图 8-35 设置"极轴追踪"选项卡。

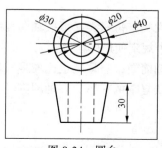

图 8-34　圆台

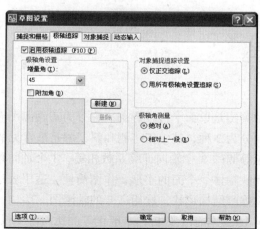

图 8-35　"极轴追踪"选项卡

（2）在视图上定坐标轴，如图 8-36 所示。

（3）画轴测轴，如图 8-37 所示。

（4）执行"直线"命令，定出前端面的圆心 A，如图 8-38 所示。

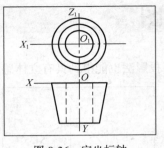
图 8-36　定坐标轴

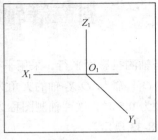
图 8-37　画轴测轴

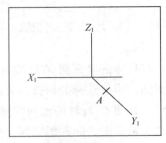
图 8-38　定前端面圆心 A

```
命令: _line
指定第一点:                                    //拾取 O₁。
指定下一点或 [放弃(U)]: 15  ↵                  //沿 Y₁ 轴移动光标显示 45°轴极轴轴线时，输入"15"。
指定下一点或 [放弃(U)]: ↵                      //按 Enter 键。
```

（5）执行绘制"圆"命令，绘制前、后端面的轴测投影，如图 8-39 所示。

（6）设置"切点"捕捉，利用"直线"命令，绘制两端面圆的公切线，如图 8-40 所示。

（7）执行"修剪"或"删除"命令，修剪或删除多余的图线，即得到的圆台的斜二测图，如图 8-41 所示。

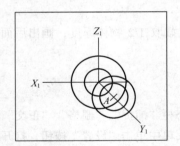
图 8-39　绘制前、后端面的轴测投影

图 8-40　绘制两端面圆的公切线

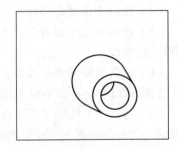
图 8-41　圆台的斜二测图

小　结

　　轴测图是单面平行投影图。它分为正轴测图和斜轴测图两大类，每一类又可按轴向伸缩系数不同分为 3 种，其中正等测和斜二测是最常见的，也是国标中规定使用的。

　　正等测的 3 个轴向伸缩系数相等，3 个轴间角也相等，画图简便，立体感也比较强。斜二测能反映物体一个面的实形，作图简便，适于表达一个方向形状复杂的物体。画轴测图时，要分析物体的结构形状，选用适合的轴测图。

- 从立体感上分析，一般正等测比斜二测投影较好。
- 从度量性来分析，正等测可沿 3 个轴方向都能直接度量，而斜二测只能在两个轴方向上度量，而另一个轴必须经过换算。

● 从作图难易程度上分析，当零件在某一个坐标面（或其平行面）上圆和圆弧较多时，采用斜二测作图最容易。

具体绘图时，一方面要充分利用平行投影的特性，即物体上互相平行的直线，其轴测投影也互相平行，这是提高作图速度和准确度的关键。另一方面要注意沿轴向度量，这是保证作图正确性的关键。

 上机练习指导

【练习内容】

1. 绘制如图 8-42 所示立体的正等轴测图。

2. 根据如图 8-43 所示支架的主、侧视图，画出它的斜二测。

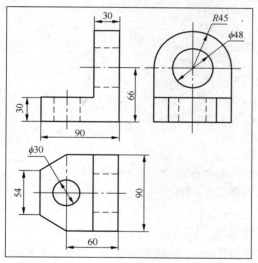

图 8-42　绘制正等轴测图

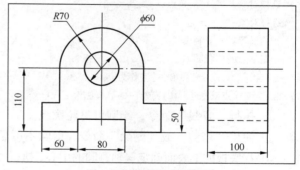

图 8-43　支架的主侧视图

【练习指导】

1. 绘制如图 8-42 所示立体的正等轴测图。

（1）设置等轴测图绘图环境

① 在"草图设置"对话框中设置"等轴测捕捉"。

② 在"草图设置"对话框中设置极轴角为 30°。

③ 按下状态栏中的"栅格"、"极轴"、"对象捕捉"、"对象追踪"按钮。

（2）绘制底板的正等轴测图

① 按 F5 功能键，切换上平面，使用"直线"命令，根据立体的长 90、宽 90、30 及切角的定位尺寸 60、54 绘制如图 8-44

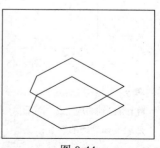

图 8-44

所示的图形。

```
命令: _line
指定第一点:                                          //任意指定一点。
指定下一点或 [放弃(U)]: 90 ↵                          //沿 X₁ 轴右移动光标显示极轴线时, 输入"90"。
指定下一点或 [放弃(U)]: 90 ↵                          //沿 Y₁ 轴下移动光标显示极轴线时, 输入"90"。
指定下一点或 [闭合(C)/放弃(U)]: 90 ↵                  //沿 X₁ 轴左移动光标显示极轴线时, 输入"90"。
指定下一点或 [闭合(C)/放弃(U)]: 90 ↵                  //沿 Y₁ 轴上移动光标显示极轴线时, 输入"90"。
指定下一点或 [闭合(C)/放弃(U)]: ↵                     //按 Enter 键。
命令: _chamfer
("修剪"模式) 当前倒角距离 1 = 30, 距离 2 = 18       //倒角距离设为"30"和"18"。
选择第一条直线或 [放弃(U)/多段线(P)/
距离(D)/角度(A)/修剪(T)/方式(E)/多个(M)]:  m ↵       //选择"多个(M)"选项。
选择第一条直线或 [放弃(U)/多段线(P)/
距离(D)/角度(A)/修剪(T)/方式(E)/多个(M)]:            //选择直线。
选择第二条直线, 或按住 Shift 键选择要应用角点的直线:  //选择直线。
选择第一条直线或 [放弃(U)/多段线(P)/
距离(D)/角度(A)/修剪(T)/方式(E)/多个(M)]:            //选择直线。
选择第二条直线, 或按住 Shift 键选择要应用角点的直线:  //选择直线。
选择第一条直线或 [放弃(U)/多段线(P)/
距离(D)/角度(A)/修剪(T)/方式(E)/多个(M)]: ↵          //按 Enter 键。
命令: _copy
选择对象: 指定对角点: 找到 6 个                      //选择所有对象。
选择对象: ↵                                          //按 Enter 键确认选择。
当前设置:  复制模式 = 多个
指定基点或 [位移(D)/模式(O)] <位移>:
指定第二个点或 <使用第一个点作为位移>: 30 ↵          //沿 Y₁ 轴下移动光标显示极轴线时, 输入"30"。
指定第二个点或 [退出(E)/放弃(U)] <退出>: ↵           //按 Enter 键结束命令。
```

② 执行"直线"命令, 绘制可见轮廓线。

③ 使用"修剪"或"删除"命令, 剪除不可见轮廓线, 如图 8-45 所示。

④ 在底板的上表面确定等轴测圆的中心, 执行"椭圆"命令, 绘制等轴测圆, 如图 8-46 所示。

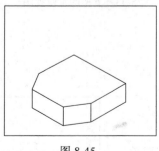

图 8-45

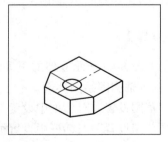

图 8-46

```
命令: _ellipse
指定椭圆轴的端点或 [圆弧(A)/中心点(C)/等轴测圆(I)]: i //选择"等轴测圆 (I)"选项。
指定等轴测圆的圆心:                                  //拾取圆心。
指定等轴测圆的半径或 [直径(D)]: 15 ↵                 //输入半径值"15"。
```

（3）绘制立板的正等轴测图

① 按 F5 功能键，切换左轴测平面，使用"直线"命令，沿点 *A-B-C-D-E-B* 绘制立板左表面边线，如图 8-47 所示。

```
命令: _line
指定第一点:                                    //拾取 A 点。
指定下一点或 [放弃(U)]: 30 ↵                     //左移光标显示 X₁ 轴极轴线时，输入位移"30"。
指定下一点或 [放弃(U)]: 36 ↵                     //上移光标显示 Z₁ 轴极轴线时，输入位移"36"。
指定下一点或 [闭合(C)/放弃(U)]: 90 ↵             //上移光标显示 Y₁ 轴极轴线时，输入位移"90"。
指定下一点或 [闭合(C)/放弃(U)]: 36 ↵             //下移光标显示 Z₁ 轴极轴线时，输入位移"36"。
指定下一点或 [闭合(C)/放弃(U)]: ↵                //按 Enter 键结束命令。
```

② 使用"椭圆"命令，分别绘制半径为 45 和 24 的等轴测圆，如图 8-48 所示。

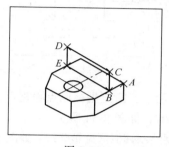

图 8-47

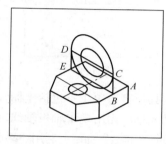

图 8-48

```
命令: _ellipse
指定椭圆轴的端点或 [圆弧(A)/中心点(C)/等轴测圆(I)]: I ↵       //选择"等轴测圆(I)"选项。
指定等轴测圆的圆心:                                        //捕捉 CD 边中心点。
指定等轴测圆的半径或 [直径(D)]: 45 ↵                       //输入半径"45"。
命令: _ellipse
指定椭圆轴的端点或 [圆弧(A)/中心点(C)/等轴测圆(I)]: I ↵       //选择"等轴测圆(I)"选项。
指定等轴测圆的圆心:                                        //捕捉 CD 边中心点。
指定等轴测圆的半径或 [直径(D)]: 24 ↵                       //输入半径"24"。
```

③ 使用"修剪"命令剪去多余部分，如图 8-49 所示。

④ 使用"复制"命令，选择立板左表面上的等轴测圆及两直线，指定基点为 *B*，位移的第二点为 *A*，结果如图 4-50 所示。

⑤ 使用"直线"命令，捕捉切点，绘制等轴测圆的外公切线，

⑥ 使用"修剪"和"删除"命令剪除多余部分，结果如图 8-51 所示。

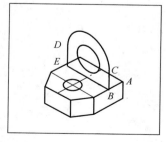

图 8-49

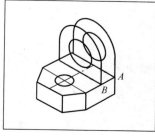

图 8-50

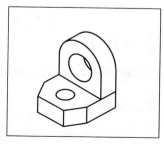

图 8-51

（4）保存文件

以"正等轴测图.dwg"为文件名保存文件。

2. 根据如图 8-43 所示支架的主、侧视图，画出它的斜二测。

（1）设置"极轴追踪"，增量角设为 45°。

（2）在视图中定出直角坐标系，坐标原点定在轴孔的中心。

（3）绘制轴测轴，如图 8-52 所示。

（4）绘制前端面的圆和图形（和主视图相同），如图 8-53 所示。

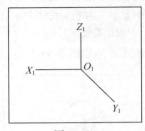

图 8-52

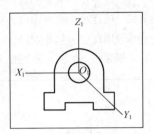

图 8-53

（5）选择所有对象（不包括坐标轴），执行"复制"命令，指定坐标原点为基点，沿 Y 轴反方向移动光标，当出现 Y 轴极轴线时，输入位移值"50"，如图 8-54 所示。

（6）执行"直线"命令，利用"端点"和"切点"捕捉绘制其他可见轮廓线，如图 8-55 所示。

（7）修剪或删除多余线条，完成图形绘制，如图 8-56 所示。

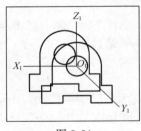

图 8-54

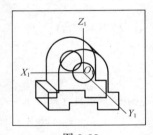

图 8-55

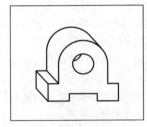

图 8-56

（8）保存文件。

实例训练

【实训内容】

绘制如图 8-57 所示立体的正等轴测图。

【实训要求】

1. 正确设置绘图环境。

2. 建立正等轴测图绘图方式，并使用正等轴测图绘图方式绘制图形。

3. 以"实例训练 8.dwg"为文件名保存文件。

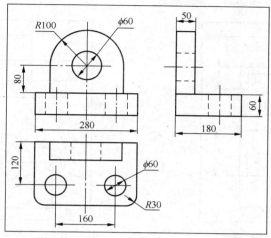

图 8-57　实例训练

习 题

1. 轴测图分为哪两大类？与多面正投影相比较有哪些特点？
2. 正等轴测图的轴间角、各轴向伸缩系数分别为何值？它们的简化伸缩系数为何值？
3. 斜二轴测图的轴间角和各轴向伸缩系数分别为何值？
4. 当物体上具有平行于 2 个或 3 个坐标面的圆时，选用哪一种轴测图较适宜？
5. 绘制轴测图时，Z 轴通常放成什么位置？
6. 绘制如图 8-58 所示物体的正等轴测图。
7. 绘制如图 8-59 所示物体的正等轴测图。
8. 根据如图 8-60 所示物体的视图，画出正等轴测图。

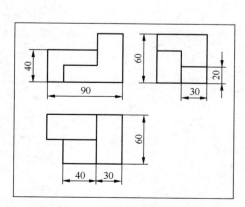

图 8-58　绘制正等轴测图

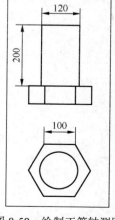

图 8-59　绘制正等轴测图

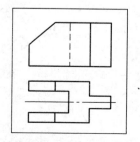

图 8-60　绘制正等轴测图

9. 已知主、俯视图（如图 8-61），画出正等轴测图。

10. 绘制图 8-62 所示立体的斜二等轴测图。

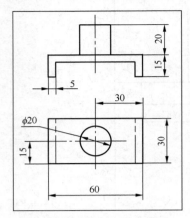

图 8-61　绘制正等轴测图

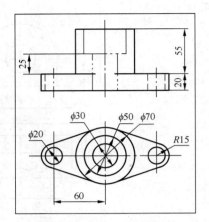

图 8-62　绘制斜二等轴测图

第9章

机件的常用表达方法

1. 掌握机件的基本视图与辅助视图的画法规定与应用
2. 了解剖视图的概念
3. 熟练掌握各种剖视图的画法规定及应用
4. 了解断面图、局部放大图的画法规定与应用

9.1 视图

视图指用正投影法将机件向投影面投影所得的图形，分为基本视图、向视图、局部视图和斜视图。这些视图主要用于表达机件的外部形状。

9.1.1 基 本 视 图

在生产实际中，机件的形状往往是多种多样的，当机件的外部结构形状在不同方向（上、下、左、右、前、后）都不相同时，三视图往往不能清楚完整地把它表示出来。因此，为了将机件的内、外形状和结构表达清楚，需增加视图的数量，可在原有 3 个投影面的基础上，再增设 3 个投影面，构成 1 个正六面体，这 6 个面称为基本投影面。将机件放在正六面体内，分别向各基本投影面投射，所得的 6 个视图称为基本视图。这 6 个视图分别称为主视图、俯视图、左视图、右视图、仰视图、后视图。各个基本投影面的展开方法如图 9-1 所示。

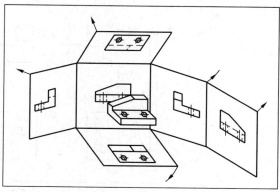

图 9-1　各个基本投影面的展开方法

6个基本视图若画在同一张纸上，按图 9-2 所示的规定位置配置时，一律不标注视图的名称。

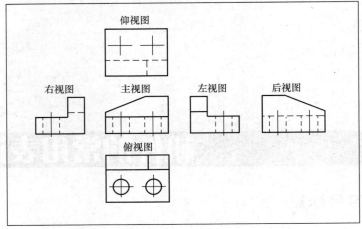

图 9-2　6 个基本视图

6个基本视图之间仍保持长对正、高平齐、宽相等的投影关系。

- 主、俯、仰视图长对正。
- 主、左、右、后视图高平齐。
- 俯、左、仰、右视图宽相等。

其中，俯、左、仰、右视图靠近视图的里侧均反映物体的后方，而远离主视图的外侧均反映物体的前方，后视图的左侧反映物体的右方，而右侧反映物体的左方。

实际绘图时，应根据物体外形的复杂程度，选用必要的基本视图。在能明确表达物体的前提下，视图数量尽可能少。

9.1.2　向　视　图

可以自由配置的视图称为向视图。

为了合理地利用图纸的幅面，基本视图也可以不按投影关系配置，而用向视图来表示。绘制时则应在向视图的上方标注 "×"（"×" 为大写的拉丁字母），在相应的视图附近用箭头指明投影方向，并注上相同的字母，如图 9-3 所示。

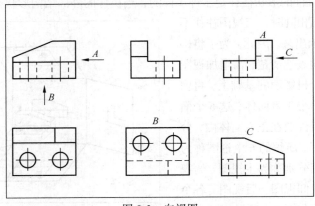

图 9-3　向视图

9.1.3　局　部　视　图

将机件的某一部分向基本投影面投影，所得到的视图叫做局部视图。如图 9-4 所示。

绘制局部视图的主要目的是为了减少作图工作量。绘图时应注意以下几点。

（1）一般应在局部视图上方标出视图的名称 "×"（"×" 为大写拉丁字母），在相应的视图附近用箭头指明投影方向，并注上同样的字母。

（2）局部视图的断裂边界用波浪线画出，当所表达的局部结构是完整的，且外轮廓又封闭时，波浪线可以省略。

（3）当局部视图按投影关系配置，中间又无其他图形隔开时，可省略各标注。

（4）局部视图可按基本视图的配置形式配置，也可按向视图的配置形式配置并标注。

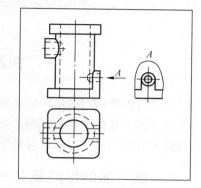

图 9-4　局部视图

在实际画图时，用局部视图表达机件，可使图形重点突出，表达简练。

9.1.4　斜　视　图

机件向不平行于任何基本投影面的平面投射所得的视图称斜视图。

斜视图主要用于表达机件上倾斜部分的实形。图 9-5 所示的连接弯板，其倾斜部分在基本视图上不能反映实形，为此，可选用一个新的投影面，使它与机件的倾斜部分表面平行，然后将倾斜部分向新投影面投影，这样便可在新投影面上反映实形。

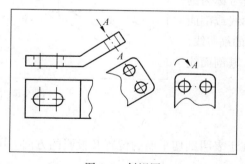

图 9-5　斜视图

斜视图一般按向视图的形式配置并标注，必要时也可配置在其他适当位置，在不引起误解时，允许将视图旋转配置。在旋转后的视图上标注视图名称时，需加注旋转符号。旋转符号为半圆弧，半径等于字体高度，线宽为字体高度的 1/14～1/10。表示该视图名称的大写拉丁字母应靠近旋转符号的箭头端，也允许将旋转角度标注在字母之后。

斜视图仍保持 "长对正、高平齐、宽相等" 的投影关系，一般情况下，斜视图只需要表达机件倾斜部分的形状，因此常绘制成局部视图，断裂边界要用细波浪线表示。

9.2 剖视图

9.2.1 剖视图的基本概念

当机件内部的结构形状较复杂时，在画视图时就会出现较多的虚线，这不仅影响视图清晰，也不便于画图和标注尺寸。为了清楚地表达机件内部的结构形状，国家标准规定采用假想切开机件的方法将内部结构由不可见变为可见，从而将虚线变为实线。

1. 剖视图的形成及其画法

如图 9-6 所示，假想用剖切平面剖开机件，将处在观察者和剖切平面之间的部分移去，而将其余部分向投影面投射所得的图形，称为剖视图。剖视图将机件剖开，使得内部原本不可见的孔、槽可见了，虚线变成了可见线。由此解决了内部虚线问题。

用剖切面剖开物体时，剖切面与物体的接触部分称为剖面区域。画剖视图时，为了区分机件的空心部分和实心部分，在剖面区域中要画出剖面符号。机件的材料不同，其剖面符号也不同。金属材料的剖面符号称为剖面线，通常画成与主要轮廓线或剖面中心线成 45°角，间隔均匀的细实线，同一物体的各个剖面区域，其剖面线画法应一致。

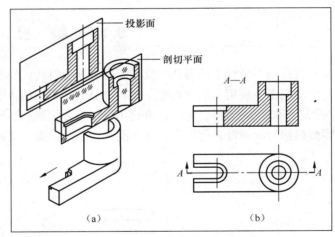

图 9-6 剖视图

2. 剖视图的标注

剖视图标注的目的，在于表明剖切平面的位置及投影的方向。国家标准规定，剖视图的标注包括以下内容。

（1）剖切线：指示剖切面位置的线，即剖切面与投影面的交线，用点画线表示。

（2）剖切符号：指示剖切面起、迄和转折位置（用粗短画表示）及投射方向（用箭头或粗短划线表示）的符号。

（3）剖视图名称：一般是应标注剖视图的名称"×—×"（×为大写拉丁字母或阿拉伯数字）。在相应的视图上用剖切符号表示剖切位置和投射方向，并标注相同的字母。

当剖视图按投影关系配置，中间又没有其他图形隔开时，可省略箭头。当单一剖切平面通过机件的对称面，且剖视图按投影关系配置，中间又没有其他图形隔开时，可省略标注。

（1）画剖视图的目的在于清楚地表示机件的内部结构形状。因此，选择剖切平面时，应使剖切面平行于投影面，并且尽量通过机件的对称平面或内部孔、槽等结构的轴线。

（2）凡剖视图中已经表达清楚的结构，在其他视图中的虚线就可以省略不画。

（3）画剖视图时，剖切平面后的可见轮廓线必须全部画出。

（4）由于剖切是假想的，当机件的某个视图画成剖视图后，其他视图仍应按完整机件画出。

9.2.2 剖视图的分类

画剖视图时，根据表达的需要，既可以将机件完全切开后按照剖视绘制，也可只将他的一部分画成剖视图，而另一部分保留外形，因此，按被剖切的范围划分，剖视图可分为全剖视图、半剖视图、局部剖视图 3 种。

1. 全剖视图

用假想剖切平面完全地剖开机件所得到的剖视图，称为全剖视图。

全剖视图着重表现内部的结构形状。如果机件的外部形状简单，而内部结构比较复杂，可考虑将机件完全剖开，如图 9-7 所示。绘制全剖视图时应按前述国家标准规定进行标注。

2. 半剖视图

当机件具有对称平面时，在垂直于对称平面的投影面上投影所得的图形，可以对称线为界，一半画成剖视图，另一半画成视图，这种组合成的图形称为半剖视图。如图 9-8 所示。

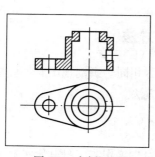

图 9-7 全剖视图

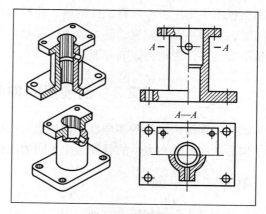

图 9-8 半剖视图

半剖视图能同时反映出机件的内外结构形状，因此，对于内外形状都需要表达的对称机件，一般常采用半剖视图表达。

（1）剖视图与视图的分界线应是细点划线，不能画成粗实线。
（2）采用半剖视图后，表示机件内部形状结构的虚线在表示外部形状的视图中可以省略。但对孔、槽等需用细点划线表示其中心位置。
（3）半剖视图的标注方法同全剖视图。

3.　局部剖视图

用假想剖切平面局部地剖开机件所得的剖视图，称为局部剖视图，如图 9-9 所示。当机件只需要表达其局部的内部结构时，或不宜采用全剖视图、半剖视图时，可采用局部剖视图。当机件的轮廓线与对称中心线重合，而不宜采用半剖视图时，也可采用局部剖视图。

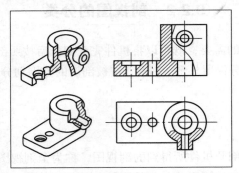

图 9-9　局部剖视图

（1）局部剖视图中，剖视部分与视图部分的分界线用波浪线表示。波浪线应画在机件的实体部分，不能超出轮廓线或与图样上其他图线重合。
（2）当被剖切结构是回转体时，可以将该结构的回转轴线作为局部剖视图与视图的分界线。
（3）对剖切位置明显的局部剖视图，标注可以省略。

局部剖视图主要用于不对称机件的内、外形状均需在同一视图上兼顾表达的情况。使用局部剖视图时，剖切平面的位置、剖切范围以及数量可根据需要确定，但在同一图形中局部剖视图的数量不宜过多，否则会影响看图。

9.2.3　剖视面的种类及剖切方法

因为机件内部结构形状的多样性，剖切机件的剖切面也不尽相同。画剖视图时，应根据机件内部结构形状的特点和表达的需要选用不同的剖切面和剖切方法。

1.　单一剖切平面

剖切剖面为基本投影面的平行面，也可以为任意的平面，对于采用不平行基本投影面的单一剖切平面剖切的方法称为斜剖视，如图 9-10 所示。斜剖视图的标注同全剖视图，剖视图的名称用两个字母中间加一个短线表示，如图 9-10（a）所示。如有必要可将剖视图置于其他适当位置，如图 9-10（b）所示。也可以根据需要将斜剖视图旋转后画出，其旋转方向用带箭头的圆弧表示，视图名称标注在有箭头的一侧，如图 4-10（c）所示。

2. 一组相互平行的剖切平面

用一组相互平行的剖切平面剖开机件的方法，称为阶梯剖，如图 9-11 所示。

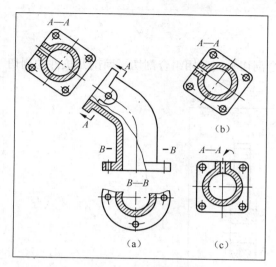

图 9-10 斜剖视图

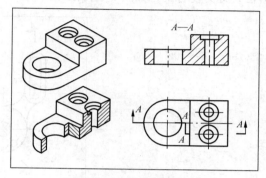

图 9-11 阶梯剖视图

当机件上有较多孔、槽，且它们的轴线或对称面不在同一平面内，用一个剖切平面不能将机件的内部形状结构完整清楚表达出来时，可采用阶梯剖。

采用阶梯剖切方法画剖视图，应该注意以下几点。

（1）要将各剖切平面看成一个组合的剖切平面，剖切后所得的视图为一个图形，因此在剖视图中不要画出各剖切平面的分界线。

（2）剖切平面转折处的剖切符号不应与视图中的轮廓线重合。

（3）要恰当的选择剖切平面，避免在剖视图中出现不完整的要素。

（4）只有当物体上的两个几何要素具有公共对称中心线或者轴线时，两个要素可以各剖一半，合并成一个剖视图，此时对称中心线或者轴线为剖切平面的分界线。

（5）剖切位置符号标注在剖切平面的转折处，一般应标注相同的字母。在不影响图形阅读的情况下，转折处的字母也可以省略。

3. 两相交的剖切平面

用两相交的剖切平面（交线垂直于某一基本投影面）剖开机件的方法，称为旋转剖。

如果机件内部的结构形状仅用一个剖切面不能完全表达，而这个机件又具有较明显的主体回转轴时，可采用旋转剖，如图 9-12 所示。

采用旋转剖绘制剖视图时，先假想地按剖切位置剖开机件，然后把被剖切平面剖开的结构及其有关部分旋转到与选定的基本投影面平行后再进行投射。

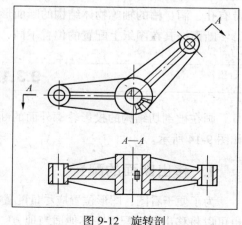

图 9-12 旋转剖

（1）用旋转剖画剖视图时，在剖切平面后的其他结构一般仍按原来位置投射。

（2）当剖切后产生不完整要素时，应将此部分结构按不剖绘制。

（3）用旋转剖画出的剖视图必须标注剖切位置、投射方向和名称。

4．复合剖

相交剖切平面与平行剖切平面的组合称为组合剖切平面。用组合剖切平面剖开机件的剖切方法，称为复合剖，如图 9-13 所示。

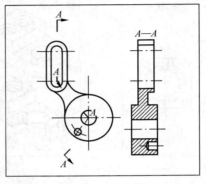

图 9-13　复合剖

9.3 断面图

假想用剖切平面将机件的某处切断，仅画出该剖切面与物体接触部分的图形，称为断面图，如图 9-14 所示。

断面与剖视的区别在于断面只画出剖切平面和机件相交部分的断面形状，而剖视则须把断面和断面后可见的轮廓线都画出来。因此，断面图主要用来配合视图表达，像肋板、轮辐以及带有孔、洞、槽的轴等物体结构的断面形状。

断面按其在图纸上配置的位置不同，分为移出断面和重合断面。

9.3.1　移 出 断 面

画在被剖切结构的投影轮廓外面的断面称为移出断面，移出断面的轮廓线用粗实线绘制，如图 9-14 所示。

1．移出断面的配置

为了便于看图，图形位置应尽量配置在剖切位置符号或剖切平面迹线的延长线上，必要时，也可以将移出断面配置在其他适当地方。在不会引起误解的情况下，也可以将图形旋转，当断面图形对称时，也可将断面画在视图的中断处，如图 9-15 所示。

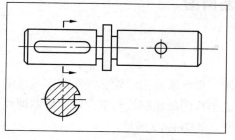

图 9-14　断面图

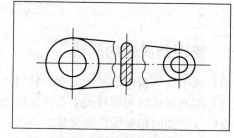

图 9-15　画在视图的中断处的断面图

2．移出断面的画法

（1）若剖切面通过回转面形成的孔或凹坑的轴线时，这些结构按剖视图绘制，如图 9-16 所示。

（2）当剖切面通过非原孔会导致完全分离的两个剖面时，这些结构应按剖视图绘制，如图 9-17 所示。

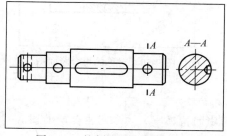

图 9-16　按剖视图画的断面图

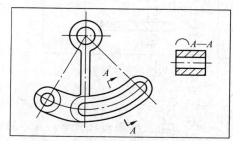

图 9-17　按剖视图画的断面图

（3）由两个或多个相交平面剖切的移出断面图，断面中间应断开，如图 9-18 所示。

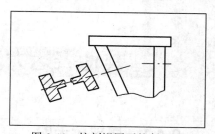

图 9-18　按剖视图画的断面图

3．移出断面的标注

一般应用大写的拉丁字母标注移出断面的名称"×—×"，在相应的视图上用剖切符号表示剖切位置和投射方向（用箭头表示），并标注相同的字母。

（1）断面图形不对称，但移出断面图与原视图符合投影关系，可省略投影方向线。

（2）断面图形对称，但不布置在剖切符号延长线上，可省略投影方向线。

（3）断面图形不对称，但布置在剖切符号延长线上，可省略字母。

（4）断面图形对称，且布置在剖切符号延长线上，标注可全部省略。

9.3.2 重合断面图

1. 重合断面图的画法

画在视图轮廓线内部的断面图，称为重合断面图。重合断面图的轮廓线用细实线绘制，断面线应与断面图形的对称线或主要轮廓线成 45°角。当视图的轮廓线与重合断面的图形线相交或重合时，视图的轮廓线仍要完整地画出，不能中断，如图 9-19 所示。

2. 重合断面图的标注

不对称的重合断面图在不会引起误解时可省略标注。对于对称的重合断面图可以不加任何标注，如图 9-20 所示。

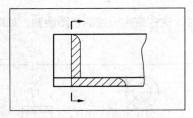

图 9-19　重合断面图

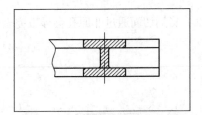

图 9-20　对称的重合断面图

只有当断面形状简单，且不影响图形清晰的情况下，才采用重合断面图。

9.4 | 其他表达方法

9.4.1 局部放大图

当机件的某些结构比较小，如果按原视图所用的比例绘制，图形过小而表达不清，也不便标注尺寸，在这种情况下，可采用局部放大画法。将机件的部分结构用大于原图形所采用的比例画出的图形，称为局部放大图，如图 9-21 所示。

画局部放大图时，应用细实线圈出被放大部分的部位，当同一机件上有几个需要放大的部位时，必须用罗马数字顺序地标明放大的部位，并在局部放大图上方标出相应的罗马数字和采用的比例（仍为图形与实际机件的线性尺寸比）。罗马数字与比例之间的横线用细实线画出。

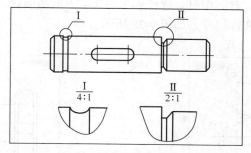

图 9-21　局部放大图

当机件上仅有一个需要放大的部位时，在局部放大图的上方只需注明采用的比例。画局部放大图的投射方向应和被放大部分的投射方向一致，与整体联系的部分用波浪线画出。若放大部分为剖视和断面时，其剖面符号的方向和距离应与被放大部分相同。

9.4.2　简化画法

（1）当机件具有若干相同结构（齿、槽等），并按一定规律分布时，只需要画出几个完整的结构，其余用细实线连接，并注明该结构的总数，如图 9-22 所示。

（2）若干直径相同且成规律分布的孔（圆孔、螺孔、沉孔等），可以仅绘制一个或几个对象。其余只需用点划线表示其中心位置，并在图中注明孔的总数，如图 9-23 所示。

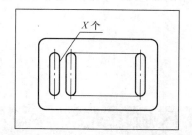

图 9-22　成规律分布的相同结构的画法

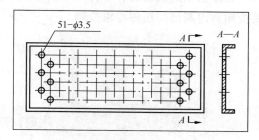

图 9-23　按规律分布的孔的画法

（3）对于机件的肋、轮辐及薄壁等，如按纵向剖切，这些结构都不画剖面符号，而用粗实线将它与其邻接的部分分开。当零件回转体上均匀分布的肋、轮辐、孔等结构不处于剖切平面上时，可将这些结构旋转到剖切平面上画出，如图 9-24 所示。

（4）在不会引起误解时，对于对称机件的视图可只画出 1/2 或 1/4，此时必须在对称中心线的两端画出两条与其垂直的平行细实线，如图 9-25 所示。

（5）对于网状物、编织物或机件上的滚花部分，可在轮廓线附近用细实线示意画出，如图 9-26 所示。

（6）当图形不能充分表达平面时，可用平面符号（相交的两细实线）表示，如图 9-27 所示。

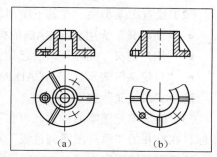

图 9-24　均匀分布的肋、孔的画法

（7）较长的机件（轴、杆、型材、连杆等）沿长度方向的形状一致或按一定规律变化时，可以断开绘制，但要标注实际尺寸，如图9-28所示。

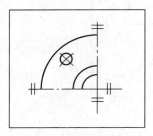

图 9-25　对称机件的画法

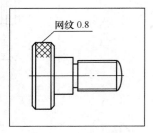

图 9-26　滚花的画法

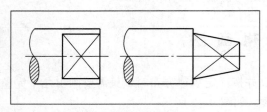

图 9-27　表示平面的画法

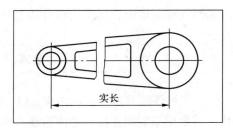

图 9-28　较长机件断开后的画法

（8）在不会引起误解时，零件图中的移出断面允许省略剖面符号，但剖切位置和断面图的标注要按照移出断面的绘图要求绘制。

9.5

Auto CAD 区域填充

下面通过实例介绍利用"图案填充"进行剖面填充的方法。

（1）选择"绘图"｜"图案填充"选项，或单击"绘图"工具栏中"图案填充"图标。启动"图案填充"命令。打开"边界图案填充"对话框，如图9-29所示。

（2）设置图案类型。在其下拉列表选项中的各项说明如下。

- "预定义"为用AutoCAD的标准填充图案文件中的图案进行填充。
- "用户定义"为用用户自己定义的图案进行填充。
- "自定义"表示选用ACAD.PAT图案文件或其他图案中的图案文件。

选择"预定义"选项。

（3）确定填充图案的样式。可在下拉列表中选择图案样式。也可单击其右边的对话框按钮图标，在打开的"填充图案调色板"对话框中（如图9-30所示），选择图案样式。

选择剖面线图案为"ANSI31"。样例预览区将显示所选填充对象的图形。

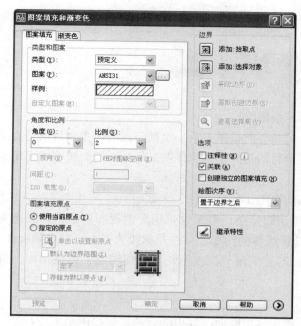

图 9-29　"边界图案填充"对话框

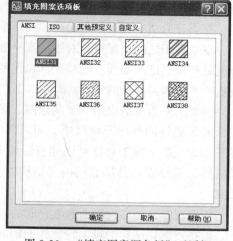

图 9-30　"填充图案调色板"对话框

（4）设置图案的旋转角。系统默认值为 0°。制图标准中规定剖面线倾角为 45°或 135°，特殊情况下可以使用 30°和 60°。若选用图案 ANSI31，剖面线倾角为 45°时，设置该值为 0°；倾角为 135°时，设置该值为 90°。

设置图案的旋转角为"0°"。

（5）设置图案中线的间距，以保证剖面线有适当的疏密程度，系统默认值为 1。

设置图案中线的间距为"2"。

（6）单击"拾取点"按钮，按照系统提示选取填充边界内的任意一点以获得填充边界（注意：该边界必须封闭）。也可以单击"选择对象"按钮，根据系统提示选取一系列构成边界的对象以使系统获得填充边界。单击图 9-31 中所示的 A、B、C 点。

（7）预览图案填充效果。

（8）单击"确定"按钮，结束填充命令操作，系统将按上述设置进行图案填充，效果如图 9-32 所示。

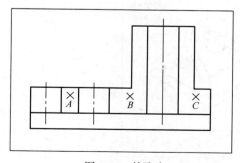

图 9-31　拾取点

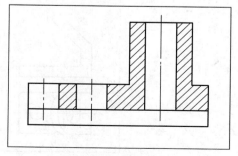

图 9-32　图案填充

小 结

视图分为基本视图、向视图、局部视图和斜视图。

基本视图之间要保持长对正、高平齐、宽相等的投影关系。绘制向视图的主要目的是为了合理地利用图纸的幅面。绘制局部视图的主要目的是为了减少作图工作量。而斜视图主要用于表达机件上倾斜部分的实形。

剖视图分为全剖视图、半剖视图、局部剖视图3种。

如果机件的外部形状简单，而内部结构比较复杂，可考虑采用全剖视图。当机件具有对称平面时，在垂直于对称平面的投影面上投影所得的图形，可以对称线为界，绘制半剖视图。当机件只需要表达其局部的内部结构时，或不宜采用全剖视图、半剖视图时，可采用局部剖视图。

断面视图分为移出断面和重合断面。

画在被剖切结构的投影轮廓外面的断面称为移出断面，移出断面的轮廓线用粗实线绘制。画在视图轮廓线内部的断面称为重合断面图。重合断面图的轮廓线用细实线绘制。

在实际设计制图时，表达方案的确定应根据产品结构特点进行具体分析，使所选择的方案能完整、清晰、简明地表示出产品的内外结构形状。应使每个视图、剖视、剖面等都具有明确的表达内容，同时又便于读图，并力求简化绘图工作。

上机练习指导

【练习内容】

补画图9-33中斜视图。

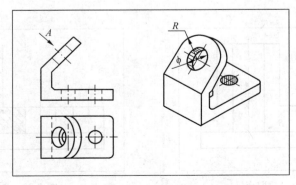

图9-33　上机练习

【练习指导】

（1）单击"工具""草图设置"，打开"草图设置"对话框。设置"极轴追踪"选项卡，如图 9-34 所示。

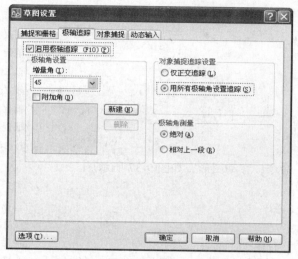

图 9-34　"草图设置"对话框

（2）打开"对象捕捉"功能，绘制"圆"对象，如图 9-35（a）所示。

命令：_circle
指定圆的圆心或 [三点(3P)/两点(2P)/相切、相切、半径(T)]：　　　//捕捉 O 点。
指定圆的半径或 [直径(D)]：　　　//捕捉 E 点。
命令：_circle
指定圆的圆心或 [三点(3P)/两点(2P)/相切、相切、半径(T)]：　　　//捕捉 O 点。
指定圆的半径或 [直径(D)] <5.3>：　　　//捕捉 F 点。

（3）打开"对象追踪"功能，绘制"直线"对象，如图 9-35（b）所示。

命令：_line 指定第一点：　　　//捕捉 H 点。
指定下一点或 [放弃(U)]：　　　//捕捉 I 点。
指定下一点或 [放弃(U)]：　↵　　　//按 Enter 键。

（4）执行"偏移"命令，偏移直线，如图 9-36（a）所示。

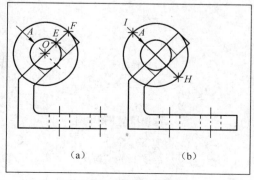

图 9-35　绘制圆与直线

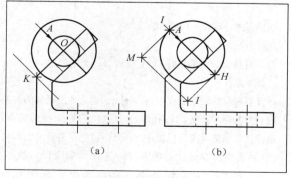

图 9-36　绘制斜线

命令: _offset
当前设置: 删除源=否 图层=源 OFFSETGAPTYPE=0
指定偏移距离或 [通过(T)/删除(E)/图层(L)] <通过>: t ↵   //选择"通过(T)"选项。
选择要偏移的对象, 或 [退出(E)/放弃(U)] <退出>:   //选择直线 *HI*。
指定通过点或 [退出(E)/多个(M)/放弃(U)] <退出>:   ↵   //按 Enter 键。

（5）执行"直线"命令，绘制直线，如图 9-36（b）所示。

LINE 指定第一点: //捕捉 *I* 点。
指定下一点或 [放弃(U)]:   //捕捉 *M* 点。
指定下一点或 [放弃(U)]:   ↵   //按 Enter 键。
命令: ↵   //按 Enter 键。
LINE 指定第一点: //捕捉 *H* 点。
指定下一点或 [放弃(U)]:   //捕捉 *L* 点。
指定下一点或 [放弃(U)]:   ↵   //按 Enter 键。

（6）执行"移动"命令，移动图形，如图 9-37 所示。

命令: _move
选择对象: 找到 1 个, 总计 6 个   //选择前几步绘制的对象。
选择对象: ↵   //按 Enter 键。
指定基点或 [位移(D)] <位移>:   //捕捉 *O* 点。
指定第二个点或 <使用第一个点作为位移>:   //沿极轴线指定 *Q* 点。
命令: ↵   //按 Enter 键。

（7）执行"修剪"命令，修剪图形如图 9-38 所示。

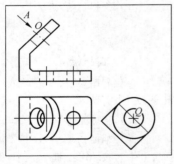

图 9-37　偏移

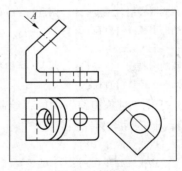

图 9-38　修剪

命令: _trim
当前设置: 投影=UCS, 边=无
选择剪切边...
选择对象或 <全部选择>: 找到 1 个   //选择过圆心直线。
选择对象: ↵   //按 Enter 键。
选择要修剪的对象, 或按住 Shift 键选择要延伸的对象,
或[栏选(F)/窗交(C)/投影(P)/边(E)/删除(R)/放弃(U)]:   //选择左下侧半圆。
选择要修剪的对象, 或按住 Shift 键选择要延伸的对象,
或[栏选(F)/窗交(C)/投影(P)/边(E)/删除(R)/放弃(U)]: ↵   //按 Enter 键。

（8）执行"旋转"命令，旋转图形，如图 9-39 所示。

```
命令: _rotate
UCS 当前的正角方向:  ANGDIR=逆时针  ANGBASE=0.0
选择对象:  指定对角点: 找到 6 个                    //选择对象。
选择对象:  ↵                                       //按 Enter 键。
指定基点:                                          //拾取圆心。
指定旋转角度, 或 [复制(C)/参照(R)] <0.0>:  45  ↵   //输入旋转角度"45"。
```

（9）打开"正交"功能，绘制过圆心垂直线，并利用"夹点"编辑功能，拉长过圆心水平直线，如图 9-40 所示。

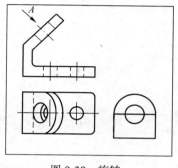

图 9-39　旋转

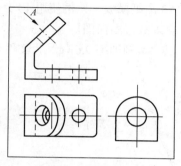

图 9-40　修剪

（10）选择过圆心两条直线，将其置入"中心线"层中，如图 9-41 所示。

（11）绘制旋转符号，并利用"复制"命令复制字母"A"，完成斜视图绘制，如图 9-42 所示。

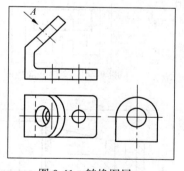

图 9-41　转换图层

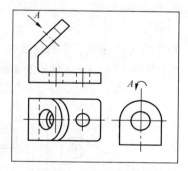

图 9-42　绘制旋转符号

实例训练

【实训内容】

绘制图 9-43 中指定的断面图（左端键槽深 5.5mm，右端键槽深 3.5mm）。

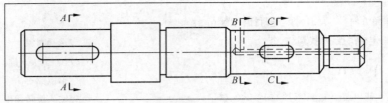

图 9-43　实例训练

【实训要求】

1. A3 图纸横放，比例使用 1∶1。
2. 合理放置断面图。
3. 以"实例训练 9.dwg"为文件名保存。

 习　题

1. 视图分为哪几种？作用是什么？
2. 画剖视图时应注意哪些问题？
3. 剖视图、断面图的区别是什么？
4. 画局部放大图时如何标注？
5. 画出图 9-44 中的 $A—A$ 全剖视图。
6. 画出图 9-45 中的 A 向斜视图（位置自定，尺寸按图中量取）。
7. 补全图 9-46 主视图中的漏线。
8. 绘制图 9-47 中 $A—A$ 移出断面图。

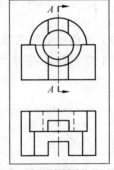

图 9-44　绘制全剖视图

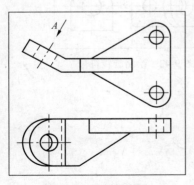

图 9-45　绘制斜视图

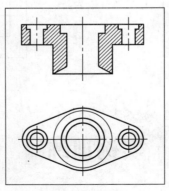

图 9-46　补漏线

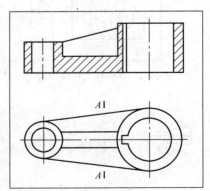

图 9-47　绘制断面图

第10章

常用连接件

【学习目标】

1. 了解螺纹的基本要素并掌握螺纹的画法及标注
2. 掌握螺纹连接件及其连接的规定画法和标注
3. 掌握键和销的使用场合及其连接的画法和标注

在各种机器、仪表和电器设备中起连接作用的零件称为连接件。常用的连接件有螺纹紧固件、键和销。由于这些零件用量较大，为了适应专业化大批量生产，提高产品质量，降低生产成本，国家标准对这类零件的结构尺寸和加工要求等做了一系列的规定，因此，这类零件称为标准件。

10.1

螺纹及螺纹连接件

10.1.1 螺纹的基本知识

1. 螺纹的形成

螺纹是根据螺旋线的形成原理加工而成的，当固定在车床卡盘上的工件做等速旋转时，刀具沿机件轴向做等速直线移动，其合成运动使切入工件的刀尖在机件表面加工成螺纹，由于刀尖的形状不同，加工出的螺纹形状也不同。

在圆柱或圆锥外表面上加工的螺纹称为外螺纹，如图 10-1（a）所示。在圆柱或圆锥内表面加工的螺纹称为内螺纹，如图 10-2（b）

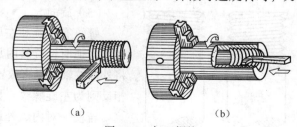

（a）　　　　　　　　　（b）

图 10-1 加工螺纹

所示。连接时，内、外螺纹是成对配合使用的。

2．螺纹要素

（1）牙型

牙型是指在通过螺纹轴线的剖面上，螺纹牙齿的轮廓形状。其凸起部分称为螺纹的牙，凸起的顶端称为螺纹的牙顶，沟槽的底部称为螺纹的牙底。常见的螺纹牙型有三角形、梯形、锯齿形和矩形等，如图 10-2 所示。

普通螺纹的牙形为三角形，一般用来连接零件。梯形螺纹、锯齿形螺纹和矩形螺纹一般用来传递运动和动力。

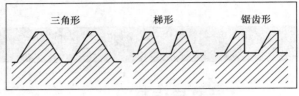

图 10-2　牙型

（2）螺纹的大径、小径和中径

直径（D、d）是代表螺纹尺寸的直径，直径符号大写于内螺纹，小写用于外螺纹，一般指螺纹大径的基本尺寸，如图 10-3 所示。

大径（D、d）是与外螺纹牙顶或内螺纹牙底相切的假想圆柱面的直径。

小径（D_1、d_1）是与外螺纹牙底或内螺纹牙顶相切的假想圆柱面的直径。

中径（D_2、d_2）是一个假想圆柱的直径。该圆柱的母线通过牙型上沟槽和凸起宽度相等的地方。

（3）线数（n）

沿一条螺旋线所形成的螺纹称为单线螺纹，沿两条或两条以上，在轴向等距离分布的螺旋线所形成的螺纹称为多线螺纹，如图 10-4 所示。

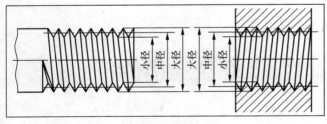

图 10-3　螺纹直径

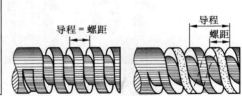

图 10-4　线数

（4）螺距和导程

螺纹上相邻两牙在中径线上对应两点之间的轴向距离 P 称为螺距。同一条螺纹上相邻两牙在中径线上对应两点之间的轴向距离 P_h 称为导程，如图 13-4 所示。导程、线数和螺距的关系为：$P_h = nP$

图 10-5　旋向

（5）旋向

螺纹有右旋和左旋之分，顺时针旋转时旋入的螺纹称为右旋螺纹；逆时针旋转时旋入的螺纹称为左旋螺纹。判定螺纹旋向可将外螺纹轴线垂直放置，螺纹的可见部分右高左低者为右旋螺纹，相反则为左旋螺纹，如图 10-5 所示。

若使一对内、外螺纹能够旋合在一起，它们的上述 5 个螺纹要素必须一致。

3. 螺纹的种类

从螺纹要素是否标准的角度分类，螺纹的种类分为 3 类。

- 标准螺纹为牙型、直径和螺距均符合国家标准的螺纹。
- 特殊螺纹为牙型符合国家标准，直径或螺距不符合标准的螺纹。
- 非标准螺纹为牙型不符合标准的螺纹。

按螺纹的用途分为 2 类。

- 连接螺纹：主要用于连接，如普通螺纹、管螺纹。
- 传动螺纹：主要用于传递动力，如梯形螺纹。

螺纹的种类、特征符号及用途说明见表 10-1 所示。

表 10-1   常用标准螺纹

螺 纹 分 类			特 征 符 号	说 明
连接螺纹	普通螺纹	粗牙	M	用于一般零件的连接
		细牙		用于精密零件，薄壁零件或负荷大的零件
	管螺纹	非螺纹密封	G	用于非螺纹密封的低压管路的连接
	用螺纹密封的管螺纹	圆锥外	R	用于螺纹密封的中高压管路的连接
		圆锥内	RC	
		圆柱内	RP	
传动螺纹	梯形螺纹		Tr	可双向传递运动和动力
	锯齿形螺纹		B	只能传递单向动力

10.1.2   螺纹的规定画法

1. 外螺纹的画法

如图 10-6 所示，外螺纹的牙顶用粗实线表示，牙底用细实线表示（通常按大径投影的 0.85 倍绘制）。

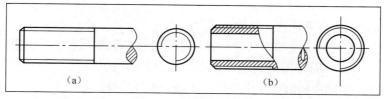

图 10-6   外螺纹的画法

- 在不反映圆的视图中，倒角应画出，牙底的细实线应画入倒角，螺纹终止线用粗实线表示。
- 在反映圆的视图中，小径用 3/4 圆的细实线圆弧表示，倒角圆不画。
- 在剖视图中，剖面线必须画到大径的粗实线处，螺纹终止线用粗实线画在大、小径之间。

2. 内螺纹的画法

- 在采用剖视图时，牙顶用细实线表示，牙底用粗实线表示，注意剖面线要画到小径的粗实线，如图 10-7 所示。

- 在反映圆的视图上，大径用 3/4 圆的细实线圆弧表示，倒角圆的投影可以省略不画。
- 不可见内螺纹的所有图线均用虚线绘制。

3．内、外螺纹连接的画法

当用剖视图表示内、外螺纹连接时，其旋合部分应按外螺纹绘制，其余部分仍按各自的画法表示。内、外螺纹的大、小径应分别对齐，如图 10-8 所示。

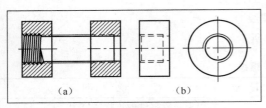

图 10-7　内螺纹的画法

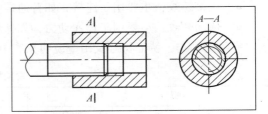

图 10-8　螺纹旋合的画法

10.1.3　螺纹的标注

由于螺纹采用规定画法，因此各种螺纹的画法都是相同的。螺纹按国标的规定画法画出后，图上并未标明牙型、直径、螺距、线数和旋向等要素，因此，需要用标注代号或标记的方式来说明。

1．普通螺纹的标记

普通螺纹的完整标记由螺纹特征代号、尺寸代号、旋向代号、公差带代号及旋合长度代号等组成，格式如下。

$$\boxed{1}\quad\boxed{2}\times\boxed{3}\quad\boxed{4}-\boxed{5}-\boxed{6}$$

- "1"为螺纹特征代号，常见螺纹的特征代号如表 10-1 所示。
- "2"为公称直径，一般为螺纹径。
- "3"为螺距和导程，普通粗牙螺纹不标注螺距，其他单线螺纹导程和螺距相同，只标注螺距。
- "4"为旋向，右旋不标注，左旋标注"LH"。
- "5"为公差带代号，公差带代号由表示公差等级的数字和表示其位置的基本偏差代号（字母）组成。代号中的字母小写的表示外螺纹，大写的表示内螺纹。如中径和顶径公差带代号相同，只标注一个。否则应同时标注出中径、顶径公差带代号。
- "6"为旋合长度代号：普通螺纹的旋合长度分为短、中、长 3 组，分别用代号 S、N、L 表示。梯形螺纹只有中、长两种旋合长度。中等旋合长度 N 不标注。

例如 M20×2LH−5g6g−S 指普通螺纹、大径"20"、螺距"P2（细牙）"、左旋、中径公差带代号"5g"、顶径公差带代号"6g"、旋合长度"S"。

2．管螺纹的标记

管螺纹应标注螺纹特征代号和尺寸代号，非螺纹密封的外管螺纹还应标注公差等级，格式如下。

$$\boxed{1}\quad\boxed{2}\quad\boxed{3}\,-\,\boxed{4}$$

- "1"为螺纹代号,特征代号如表10-1所示。
- "2"为尺寸代号,指管螺纹用于管子孔径英寸的近似值。
- "3"为公差带代号,对外螺纹分A、B两级标注,内螺纹不标记。
- "4"为旋向,右旋不标注,左旋标注"LH"。

例如尺寸代号为"1"的非螺纹密封的右旋管螺纹,标记为"G1"。

3. 螺纹的标注

普通螺纹在图上标注时,标记注写在尺寸线或尺寸线的延长线上,尺寸界线从螺纹大径引出。标注示例如图10-9(a)、(b)所示。

管螺纹的标记一律注写在引出线上,引出线应由大径处引出,标注示例如图10-9(c)所示。

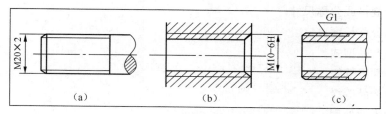

图 10-9 螺纹的标注

10.2

螺纹紧固件

常用的螺纹紧固件有螺栓、螺钉、螺柱、螺母和垫圈等。如表10-2所示。

表 10-2　　　　　　　　　　　常用的螺纹紧固件

名　称	图　例	名　称	图　例	名　称	图　例
六角头螺栓		双头螺栓		紧定螺钉	
内六角圆柱头螺钉		开槽圆柱头螺钉		开槽沉头螺钉	
六角螺母		六角开槽螺母		圆螺母	
平垫圈		弹簧垫圈		圆螺母用止动垫圈	

螺栓、双头螺柱和螺钉都起连接作用。螺母是和螺栓或双头螺柱等一起进行连接的。垫圈置于螺母下面，可保护被连接零件的表面。弹簧垫圈则主要用于防止螺母松动脱落。

由于这类零件都是标准件，通常只需用简化画法画出它们的装配图，同时给出标记。

10.2.1　螺纹连接件的规定标记

标准的螺纹连接件，都有规定的标记，完整标记由名称、标准编号、螺纹规格或公称长度、性能等级或材料等级、热处理、表面处理等组成，格式如下。

- "1"为名称。
- "2"为标准编号。
- "3"为规格或公称尺寸。
- "4"为公称长度。
- "5"为产品型式。
- "6"为性能等级。
- "7"为产品等级。
- "8"为表面处理。

一般情况下，紧固件采用简化标记，主要标记前 4 项。例如螺纹规格 d=M12、公称长度 l=80mm、性能等级为 8.8 级、产品等级为 A、表面氧化处理的六角头螺栓。

完整标记为：螺栓 GB/T 5782　2000-M12×80-8.8-A-O

简化标记为：螺栓 GB/T 5782 M12×80

常用螺纹紧固件的规定标记如表 10-3 所示。

表 10-3　　　　　　　　　　常用螺纹紧固件的规定标记

名　称	标　记	
螺栓	螺栓 GB/T 5782 M12×60	表示 A 级六角头螺栓，螺纹规格 d=M12，公称长度 l=60mm
螺钉	螺钉 GB/T 68 M10×60	表示开槽沉头螺钉，螺纹规格 d=M10，公称长度 l=60mm
螺母	螺母 GB/T 6170 M12	表示 A 级 1 型六角螺母，螺纹规格 D=M12
垫圈	垫圈 GB/T 97.1 12	表示 A 级平垫圈，螺纹规格 d=12mm，性能等级为 140HV 级

10.2.2　螺纹紧固件的画法

1.　常用螺纹紧固件的比例画法

为了画图方便，在绘制螺纹紧固件的装配图时，常采用比例画法。除有效长度之外，其他各部分尺寸都取与螺纹大径成一定比例的数值画出，如图 10-10～图 10-12 所示。

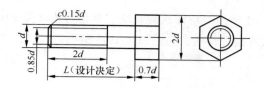

图 10-10　螺栓的比例画法

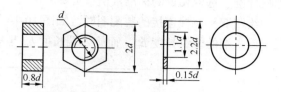

图 10-11　螺母、垫圈的比例画法

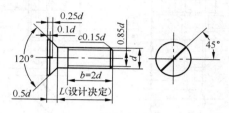

图 10-12　螺钉的比例画法

2. 螺纹紧固件连接的画法

螺纹紧固件连接是一种可拆卸的连接。常用的形式有螺钉连接、螺栓连接、螺柱连接等。

（1）螺栓连接

用螺栓、螺母和垫圈将两个不太厚、而且又允许钻成通孔的零件连接在一起。画装配图时要按照规定绘制。

● 两个零件接触面处画一条粗实线。

● 在剖视图中，若剖切平面通过螺纹紧固件的轴线时，这些紧固件按不剖绘制。

● 在剖视图中，表示相互接触的两零件时，它们的剖面线方向应该相反，而同一个零件在各剖视图中，剖面线的方向和间隔应该相同。

螺栓的有效长度按下式计算：

$L=\delta_1+\delta_2+0.15d(垫圈厚)+0.8d(螺母)+0.3d$

计算出 L 值后，在根据 L 值查有关标准，选取相近的标准数值作为螺栓的公称长度 L。图 10-13 所示为螺栓连接的装配图。

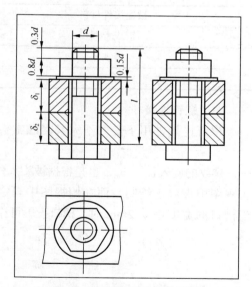

图 10-13　螺栓连接的装配图

（2）螺柱连接

双头螺柱常用于被连接件之一厚度较大，不便钻成通孔，或由于其他原因不便使用螺栓连接的场合。

双头螺柱的有效长度 L 按下式计算：

$$L=\delta+0.15d(垫圈厚)+0.8d(螺母)+0.3d(螺柱伸出螺母的长度)$$

式中，δ 为图上有通孔的被连接件的厚度，一般为已知。用上式计算出 L 之后，查对双头螺柱标准，选取相近的标准数值作为螺柱的公称长度 L。

绘制双头螺柱连接的装配图时，如图 10-14（a）所示，应注意旋入端的螺孔的螺纹深度应大于旋入端的螺纹长度 b_m，而旋入端长度 b_m 与被连接件材料有关，如表 10-4 所示。

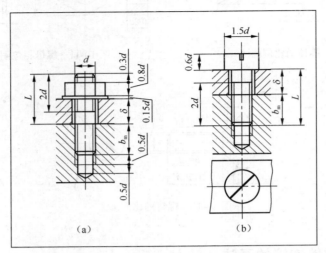

图 10-14 螺柱、螺钉连接的装配图

表 10-4   旋入端长度

被连接件材料	旋入端长度 b_m
钢或青铜	$b_m=d$
铸铁	$b_m=1.25d$ 或 $1.5d$
铝合金	$b_m=2d$

（3）螺钉连接

螺钉连接常用于受力不大又需经常拆卸的场合。螺钉长度按下式计算：

$$L = \delta + b_m$$

螺纹的旋入长度 b_m，也是根据被旋入件的材料决定的，如表 10-4 所示。螺钉头的槽口，在主视图中被放正绘制，而在俯视图中规定画成与水平线成 45°，不和主视图保持投影关系。当槽口的宽度小于 2mm 时，槽口投影可涂黑，如图 10-14（b）所示。

10.3

键和销连接

10.3.1 键 连 接

键是用来连接轴及轴上的传动件，如齿轮、皮带轮等，起传递扭矩的作用。

常用的键有普通平键、半圆键和钩头楔键 3 种，如图 10-15 所示。

键一般都是标准件，画图时可根据有关标准查得相应的尺寸及结构。键的形式及标记示例如表 10-5 所示。选用时可根据轴的直径查键的标准，得出它的尺寸。平键和钩头楔键的长度 L 应根据轮毂长度及受力大小选取相应的系列值。

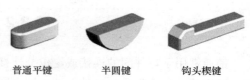

普通平键　　　半圆键　　　钩头楔键

图 10-15　常用键

表 10-5　　　　　　　　　　　　常用键的形式及标记

名　称	图　例	标记示例	标记说明
普通平键		GB/T1096 键 $10 \times 8 \times 22$	普通 A 型平键、宽度 b=10mm、高度 h=8mm、长度 L=22mm
半圆键		键 8×28 GB/T 1099	半圆键、键宽 b=8mm、直径 d=25mm
钩头楔键		键 12×100 GB/T 1565	钩头楔键、宽度=12mm、长度 L=100mm

轴上键槽画法及尺寸注法如图 10-16（a）所示。t 为轴上键槽深度，b 为键槽宽度。b、t、L 可按轴径 d 从标准中查出。

轮毂上键槽画法及尺寸注法如图 10-16（b）所示。t_1 为轮毂上键槽深度，b 为键槽宽度。t_1、b 可按孔径 d 从标准中查出。

普通平键和半圆键的工作面是两个侧面，连接时，键的两侧面与轴和轮毂的键槽侧面相接触，上底面与轮毂键槽的顶面之间留有间隙。因此，在其键连接的画法中，键两侧与轮毂键槽应接触，画成一条线，而键的顶面与键槽不接触，画成两条线，在反映键长方向的剖视图中，轴采用局部剖视，键按不剖处理，如图 10-17 所示。

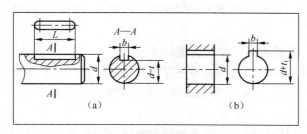

图 10-16　轴上键槽画法

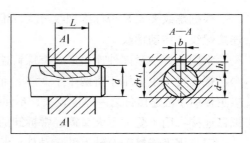

图 10-17　键连接的画法

10.3.2 销 连 接

销通常用于零件间的连接或定位，连接时只能传递不大的扭矩。常见的有圆柱销、圆锥销和开口销等，它们都是标准件。圆柱销和圆锥销可以联接零件，也可以起定位作用。开口销常用在螺纹连接的装置中，以防止螺母的松动。表 10-6 所示为销的形式和标记示例及画法。

表 10-6   常用销的形式及标记

名 称	图 例	标记示例	标记说明
圆锥销	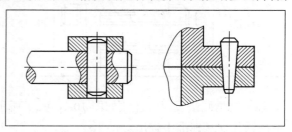	销 GB/T117 10×60	直径 $d = 10mm$，长度 $L = 60mm$，材料 35 钢，热处理硬度 $28{\sim}38HRC$，表面氧化处理的 A 型圆锥销
圆柱销		销 GB/T119.2 8×30	直径 $d = 8mm$，公差为 m6，长度 $L = 30mm$，材料为钢，不经表面处理
开口销		销 GB/T91 4×20	直径 $d = 4mm$，$L = 20mm$，材料为低碳钢不经表面处理

圆柱销利用微量过盈固定在销孔中，连接的紧固性及精度会随着装拆的次数增多而降低，因此其常用于不常拆卸的连接。圆锥销有 1∶50 的锥度，装拆比圆柱销方便，多次装拆对连接的紧固性及定位精度影响较小，因此应用广泛。

绘图时，销的有关尺寸从标准中查找并选用，在剖视图中，当剖切平面通过销的回转轴线时，按不剖处理，如图 10-18 所示。

图 10-18 圆柱销、圆锥销连接的画法

小 结

根据螺纹要素是否标准螺纹分为标准螺纹、特殊螺纹和非标准螺纹。根据螺纹的用途分为连接螺纹和传动螺纹。

常用的螺纹紧固件连接形式有螺钉连接、螺栓连接、螺柱连接。

螺栓连接主要用于将两个不太厚、而且又允许钻成通孔的零件连接在一起的场合。螺柱连接主要用于被连接件之一厚度较大，不便钻成通孔，或由于其他原因不便使用螺栓连接的场合。螺钉连接常用于受力不大又需经常拆卸的场合。

键是用来连接轴及轴上的传动件，起传递扭矩的作用。销通常用于零件间的连接或定位，连接时只能传递不大的扭矩。

上机练习指导

【练习内容】

绘制六角螺母　GB/T 6170—2000 M10。

【练习指导】

（1）查表得螺母厚度 m=8.4，对边宽 s=16，对角宽 e=18.48。

（2）新建文档，设置绘图环境或打开模版文件。

（3）置中心线层为当前层，绘制中心线。

（4）绘制 3 个直径分别为 8、10 和 16 的圆，如图 10-19 所示。

（5）利用"打断"命令，打断直径为 10 的圆，如图 10-20 所示。

命令：_break 选择对象	
指定第二个打断点 或 [第一点(F)]: f　↵	//输入 F 选项。
指定第一个打断点:	//拾取顶端象限点。
指定第二个打断点:	//拾取左侧象限点。

（6）绘制正六边形，如图 10-21 所示。

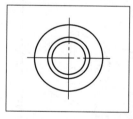

图 10-19　绘制圆

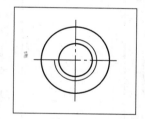

图 10-20　打断

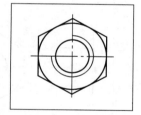

图 10-21　绘制正六边形

命令：_polygon	
输入边的数目 <4>: 6	//输入 6。
指定正多边形的中心点或 [边(E)]:	//拾取圆心。
输入选项 [内接于圆(I)/外切于圆(C)] <I>: I　↵	//输入 I 选项。
指定圆的半径：@0,9.24　↵	//输入正多边形的一个顶点的相对坐标。

（7）绘制主视图，如图 10-22 所示。

（8）打开"正交"功能，绘制半径为 15 的圆（1.5D=1.5×10=15），如图 10-23 所示。

命令：_circle	
指定圆的圆心或 [三点(3P)/两点(2P)/相切、相切、半径(T)]: 2p　↵	//输入 2P 选项。
指定圆直径的第一个端点:	//拾取左侧中心点。
指定圆直径的第二个端点：30　↵	//右移光标输入圆的直径 30。

（9）修剪，如图 10-24 所示。

（10）绘制垂直线，如图 10-25 所示。

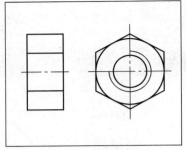

图 10-22 绘制主视图

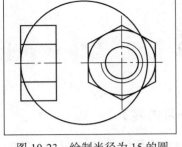

图 10-23 绘制半径为 15 的圆

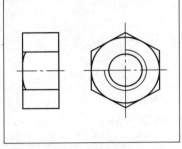

图 10-24 修剪

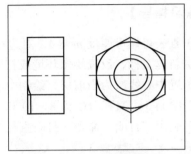

图 10-25 绘制垂直线

（11）过中点绘制水平线，如图 10-26 所示。

（12）绘制圆弧，如图 10-27 所示。

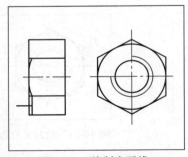

图 10-26 绘制水平线

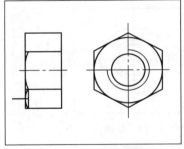

图 10-27 绘制圆弧

（13）打开"极轴"模式，设置"极轴追踪"的"增量角"为 30°，绘制 30°斜线，如图 10-28 和图 10-29 所示。

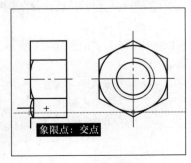

图 10-28 追踪起点

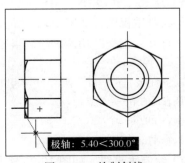

图 10-29 绘制斜线

（14）修剪，如图 10-30 所示。

（15）镜像，如图 10-31 所示。

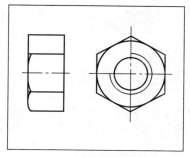

图 10-30　修剪

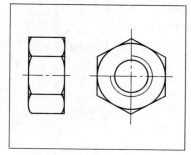

图 10-31　镜像

（16）修剪，如图 10-32 所示。

（17）将各线段置于相应的图层，如图 10-33 所示。

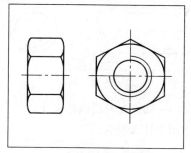

图 10-32　修剪

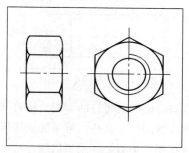

图 10-33　整理图线

（18）标注尺寸，完成螺母绘制，如图 10-34 所示。

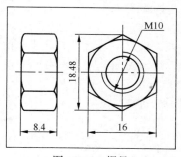

图 10-34　螺母

实例训练

【实训内容】

绘制螺栓　GB/T 5782—2000 M8×25。

【实训要求】

1. 查表获取相关参数。
2. 绘制螺栓三视图。
3. 以"实例训练 10.dwg"为文件名保存文件。

习 题

1. 解释图 10-35 所示螺纹代号的意义。
2. 分析图 10-36 所示图形，找出错误并画出正确图形。

图 10-35　题图

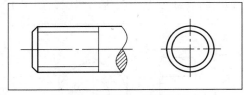

图 10-36　题图

3. 已知开槽沉头螺钉的标记为螺钉 GB/T68—2000 M10×50，查表获取其尺寸。

4. 螺纹紧固件有哪些？常见的连接形式有哪些？各适用于什么场合？

5. 键有哪些类型？各用于何场合？

6. 已知螺栓连接中，被连接件的厚度 δ_1=30mm、δ_2=25mm，螺栓 GB/T5782 M20×1、螺母 GB/T6170 M20、垫圈 GB/T 97.1 20，画出螺栓连接的主俯视图（比例1：1）。

第11章

零件图

【学习目标】

1. 了解零件图的作用和内容
2. 掌握阅读和绘制零件图的方法
3. 掌握标注零件图尺寸的方法
4. 掌握零件图中注写尺寸公差、形位公差、表面粗糙度的方法

11.1 零件图的内容

零件是组成机器或部件的基本单位，任何机器或部件都是由若干零件按着一定的装配关系和技术要求装配组成的。因此，制造出合格的零件是生产出合格的机器或部件的基础。

零件图是用来表示零件结构形状、大小及技术要求的图样，是直接指导制造和检验零件的重要技术文件，因此图样中必须包括制造和检验该零件时所需要的全部资料。如图11-1所示，一张完整的零件图，一般应包括以下4个方面的内容。

（1）一组视图

用一组恰当的视图、剖视图、断面图和局部放大图等，完整、正确、清晰地表达出零件各部分的结构。

（2）全部尺寸

正确、完整、清晰、合理地标注出组成零件各形体的大小及其相对位置的尺寸，即提供制造和检验零件所需的全部尺寸，以便于零件的制造与检验。

（3）技术要求

用以表示或说明零件在加工、检验过程中应达到的要求，如尺寸公差、形状和位置公差、表面粗糙度、材料、热处理、硬度及其他要求。技术要求常用符号或文字来表示。

（4）标题栏

在零件图右下角，用标题栏写明零件的名称、材料、比例、数量和图号等，并有设计、制

图、审核等人员签名和绘图日期。

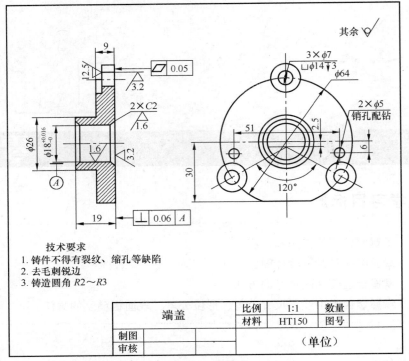

图 11-1　零件图

11.2

零件图的视图选择

零件的视图是零件图的重要内容之一。零件图的视图选择，指的是用适当的视图、剖视图、断面图等表达形式把零件的形状结构完整、清晰地表达出来。由于同一个零件的视图表达方案可以有多种，因此要通过合理选择，确定最佳表达方案。

11.2.1　主视图的选择

在零件图的一组视图中，主视图是最重要的视图。它选择的是否合理，直接影响读图和画图，同时也会影响到零件图的表达效果及加工过程的方便性。因此，在选择主视图时，应注意以下几个原则。

（1）形状特征原则

从形体分析的角度考虑，主视图应较好地反映零件的形状特征，即能较好地将零件各功能部分的形状及相对位置表达出来，使人看了主视图就能了解零件的大致形状。这也是确定主视图投射方向的依据。

（2）加工位置原则

主视图应尽可能反映零件的加工位置，即主视图应尽可能与零件在机床上加工时的装夹位置一致，方便加工人员加工与测量。这是在选定零件的主视图投射方向后，确定零件摆放位置的依据。

（3）工作位置原则

主视图应尽可能与零件在机器中工作时的位置一致。主视图与工作位置一致，便于研究图纸，也方便对照装配图进行作业。

选择主视图时，上述 3 个原则并不是总能同时满足，例如有的零件在机器中处于运动状态，其工作位置并不固定；有的零件处于倾斜位置，若按倾斜位置画图，则会增加画图和看图难度。因此，在选择主视图时，需要根据零件的具体情况，首先满足"形状特征原则"，然后从是否符合生产情况、与其他视图是否容易配置、是否便于阅读等方面做全面考虑，最后确定出最合理的方案。

11.2.2 其他视图的选择

主视图选定后，在其上未能表达或表达不清楚的部位，可采用局部视图、局部放大图、断面图等方式进一步表达。选择其他视图时，应注意以下几点。

（1）在保证充分表达零件结构形状的前提下，尽可能减少零件的视图数目，以方便画图和看图。

（2）在所选择的一组视图中，每一个视图都应有表达的侧重点，各个视图要互相配合、补充而不重复，要有独立存在的意义。

（3）在布置各视图时，有关的视图应尽可能保持直接的投影关系，同时要注意充分利用图纸幅面，使图样清晰匀称，便于标注尺寸及技术要求。

11.2.3 典型零件的视图与表达方法

确定视图与表达方法的主要依据是零件的形状。由于任何一个零件的结构形状都是根据它在部件中的作用、位置、以及在工艺上的要求等因素设计而成的，因而使得各种零件在结构形状上千差万别。但是形状相近的零件在视图与表达方法上有共同的特点。一般情况下零件根据不同形状可分为轴套、转盘、叉架和箱体等 4 种类型。

1. 轴套类零件

（1）结构特点。轴套类零件主要由回转体组成，多在车床上加工。这类零件上常有销孔、螺孔、键槽等结构。

（2）表达方法。由于轴套类零件的主要加工方法是车削与磨削，为了便于工人对照图样加工，主视图一般将轴线水平放置，以垂直轴线的方向作为主视图的投影方向。这样既能清楚反映轴的各段形状及相对位置，也能清楚反映轴上各种局部结构的轴向位置。轴上的局部结构可通过局部剖视、断面图、局部放大图来表达，如图 11-2 所示。

2. 轮盘类零件

（1）结构特点。这类零件的基本形状是扁平的盘状体，主体部分一般为回转体，大部分是铸件，如各种齿轮、皮带轮等。它们的主要作用是传递动力和转矩，或起连接、轴向定位、密封等作用。

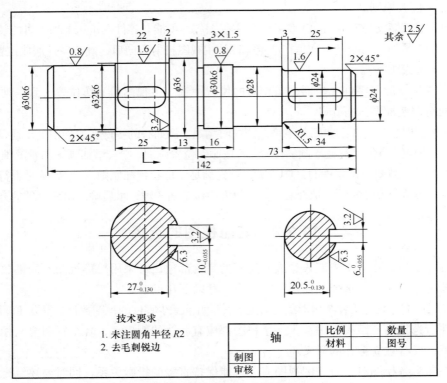

图 11-2　轴套类零件图

（2）表达方法。轮盘类零件也是装夹在卧式车床的卡盘上加工的。与轴、套类零件相似，其主视图主要遵循加工位置原则，即应将轴线水平放置。为了表达内部结构，主视图常采用全剖视图。除主视图外，常常还需要增加一个基本视图，用来表达零件的外形轮廓和其他各组成部分的相对位置，如图 11-1 所示。

3. 叉架类零件

（1）结构特点。叉架类零件在机器中主要用于支撑或夹持零件等，其结构形状随工件需要而定，一般不很规则，结构也比较复杂，毛坯多为铸件，要经多道工序加工而成。

（2）表达方法。叉架类零件在制造时，所使用的加工方法并不一致，主要依据它们的结构形状特征和工作位置来选择主视图。同时需要两个或两个以上的基本视图才能表达清楚其主体形状结构，对于零件上的弯曲、倾斜结构，还需要用斜视图、斜剖视、断面图、局部视图等表达方法，如图 11-3 所示。

4. 箱体类零件

（1）结构特点。箱体零件是组成机器或部件的主要零件，主要起支撑、包容其他零件的作用，多数箱体零件由铸造后经必要的机械加工而成。

（2）表达方法。因箱体内部具有空腔、孔等结构，形状比较复杂，加工位置也多有变化。选择主视图时要考虑其工作位置和主要形状特征，表达时至少需要 3 个基本视图，并配以剖视、断面等表达方法才能完整、清晰地表达它们的结构，如图 11-4 所示。

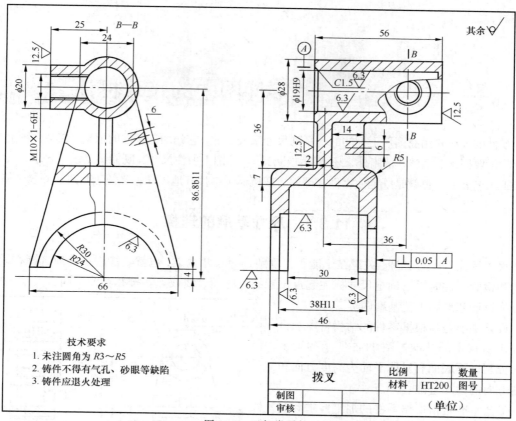

图 11-3　叉架类零件

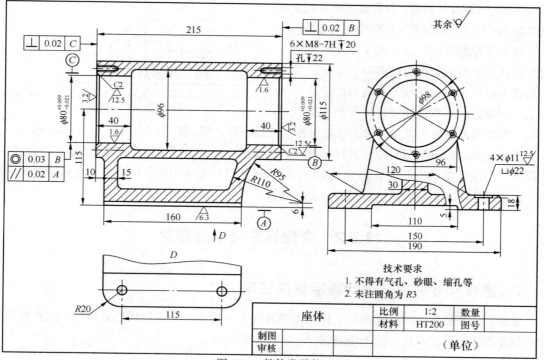

图 11-4　箱体类零件

11.3 零件图中的尺寸标注

零件的大小是用在图形上标注的一系列尺寸来表示的，它是加工零件的依据。在零件图上标注尺寸除了要正确、完整、清晰外，还要标注得合理。即图上所注尺寸，既能满足设计要求，又能满足加工工艺要求，也就是既能使零件在部件（或机器）中很好地工作，又便于制造、测量和检验。

11.3.1 尺寸基准的选择

尺寸标注得是否合理，关键在于能否正确地选择尺寸基准，也就是能否正确地选择在设计、制造和检验零件时用以确定尺寸标注起点位置的一些面、线或点。按其功能不同，尺寸基准一般分为设计基准和工艺基准两类。

设计基准是指根据零件的结构特点和设计要求所选定的基准。图 11-5 所示的轴承座，分别选下底面和对称平面为高度方向和左右方向的设计基准。

工艺基准是指根据零件的加工要求和测量要求所选定的基准。图 11-5 中，为方便轴承座顶部螺孔深度的测量，以顶部端面为基准量取其深度尺寸，该顶部端面即为工艺基准。

每个零件都有长、宽、高 3 个方向的尺度，因此每个方向至少应该有一个基准，这个基准一般称为主要基准。有时根据设计、加工、测量上的要求，还要附加一些基准，

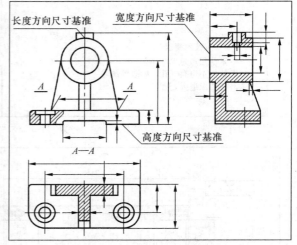

图 11-5　尺寸基准

我们把附加的基准称为辅助基准。主要基准和辅助基准之间应有尺寸联系，如图 10-5 所示。

选择基准的原则是尽可能使设计基准与工艺基准一致，以减少两个基准不重合而引起的尺寸误差。当设计基准与工艺基准不一致时，应以保证设计要求为主，将重要尺寸从设计基准注出，次要尺寸从工艺基准注出，以便加工和测量。

11.3.2 合理标注尺寸的原则

1. 重要尺寸必须从设计基准直接注出

重要尺寸是指影响产品性能、工作精度和互换性的尺寸。为了保证产品质量，这些重要尺寸必须在图样上直接注出，如图 11-6 中 L、A 尺寸的标注。

2. 避免注成封闭尺寸链

在标注尺寸时，应避免注成封闭尺寸链。一般情况下可选尺寸链中不重要的尺寸空出不标注，如图 11-7 所示。这样，可使其他尺寸的制造误差都集中到这一段上来，以保证主要尺寸的精度。

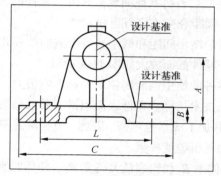

图 11-6　重要尺寸的标注

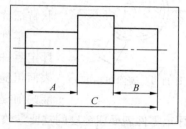

图 11-7　避免注成封闭尺寸链

3. 尽量符合零件的加工要求并便于测量

对于零件上的一般尺寸，标注时应尽可能与加工顺序一致，并要便于测量。如图 11-8（a）所示标注，不便于测量；而图 11-8（b）所示标注，则测量比较方便。

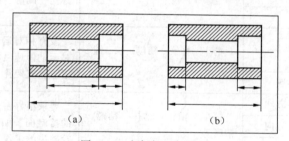

图 11-8　方便加工与测量

11.4 零件图上的技术要求

在零件图上，除了有表达零件结构形状的视图和标注外，还应标注相关的技术要求。

零件图上的技术要求主要包括表面粗糙度，极限与配合，形状和位置公差，热处理、表面处理和表面修饰的说明，特殊加工、检查、试验的说明等。

标注技术要求时，凡已有规定代（符）号的，用代（符）号直接标注在图上；无规定代（符）号的，可以用文字或数字简明注写在零件图的下部空白处。

11.4.1　表面粗糙度

1. 基本概念

经过加工后的机器零件，其表面状态是比较复杂的。若将其截面放大来看，零件的表面总是凹凸不平，由一些微小间距和微小峰谷组成。

零件加工表面上具有的微小间距和微小峰谷组成的微观几何形状特征称为表面粗糙度，零件截面放大如图 11-9 所示。

零件表面粗糙度对零件的使用性能和使用寿命影响很大，也是评定零件表面质量的一项技术指标。零件表面粗糙度要求越高（即表面粗糙度参数越小），其加工成本也越高。因此，应在满足零件功能的前提下，合理选用表面粗糙度参数。

图 11-9　表面粗糙度

评定零件表面粗糙度的主要参数有轮廓算术平均偏差 R_a 和轮廓最大高度 R_y。使用时宜优先选用 R_a。R_a 值与加工方法的关系如表 11-1 所示。

表 11-1　　　　　　　　　　表面粗糙度数值、表面特征及加工方法

$R_a/\mu m$	表面特征	主要加工方法	应用举例
50～100	明显可见刀痕	粗车、粗铣、粗刨、钻等	不接触表面、不重要的接触面，如螺钉孔、倒角、机座底面等
25	可见刀痕		
12.5	微见刀痕		
6.3	可见加工痕迹	精车、精铣、精刨、铰、镗、粗磨等	没有相对运动的零件接触面，或有相对运动但速度不高的接触面，如箱体、箱盖、支架孔、衬套等的工作表面
3.2	微见加工痕迹		
1.6	看不见加工痕迹		
0.8	可辨加工痕迹方向	精车、精铰、精拉、精镗、精磨等	要求很好密合（或相对运动速度较高）的接触面，如滑动轴承的配合表面、齿轮轮齿的工作表面等
0.4	微辨加工痕迹方向		
0.2	不可辨加工痕迹方向		
0.1	暗光泽面	研磨、抛光、超级精细研磨等	精密量具的表面、极重要零件的摩擦面，如汽缸的内表面、精密机床的主轴颈等
0.05	亮光泽面		
0.025	镜状光泽面		
0.012	雾状镜面		
0.006	镜面		

2. 表面粗糙度的符号、代号

（1）表面粗糙度符号：粗糙度的基本符号由两条夹角为 60° 不等长的细实线组成，且与被标注表面投影轮廓线成 60°。表面粗糙度基本符号的画法如图 11-10 所示，其中 $H=1.4h$（h 为图中字高）。

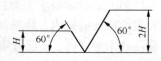

图 11-10　面粗糙度基本符号的画法

各种符号及其意义如表 11-2 所示。

表 11-2 表面粗糙度符号及意义

符　号	意　义
√	基本符号，表示表面可用任何方法获得。当不加粗糙度参数值或有关说明时，仅适用于简化代号标注
√	基本符号加一短划，表示表面是用去除材料的方法获得，如车、铣、钻、磨等
√	基本符号加一小圆，表示表面是用不去除材料的方法获得，或者是用于保持原供应状况的表面（包括保持上道工序的状况）
√ √ √	长边上均可加一横线，用于标注有关说明和参数
√ √ √	带横线符号上均可加一小圆，表示所有表面具有相同的表面粗糙度要求

（2）表面粗糙度的代号：表面粗糙度符号中注写上粗糙度的高度参数及其他有关参数后便组成表面粗糙度代号。表面粗糙度高度参数即轮廓算术平均偏差 R_a 值的标注形式及意义见表 11-3，参数代号 R_a 省略不注。

表 11-3 表面粗糙度代号及意义

代　号	意　义	代　号	意　义
3.2 √	用任何方法获得的表面粗糙度，R_a 的上限值为 3.2μm	3.2max √	用任何方法获得的表面粗糙度，R_a 的最大值为 3.2μm
3.2 √	用去除材料的方法获得的表面粗糙度，R_a 的上限值为 3.2μm	3.2max √	用去除材料方法获得的表面粗糙度，R_a 的最大值为 3.2μm
3.2 √	用不去除材料方法获得的表面粗糙度，R_a 的上限值为 3.2μm	3.2max √	用不去除材料方法获得的表面粗糙度，R_a 的最大值为 3.2μm
3.2 1.6 √	用去除材料方法获得的表面粗糙度，R_a 的上限值为 3.2μm，R_a 的下限值为 1.6μm	3.2max 1.6min √	用去除材料方法获得的表面粗糙度，R_a 的最大值为 3.2μm，R_a 的最小值为 1.6μm

当允许在表面粗糙度参数的所有实测值中超过规定值的个数少于总数的 16% 时，应在图样上标注表面粗糙度参数的上限值或下限值，当要求在表面粗糙度参数的所有实测值中不得超过规定值时，应在图样上标注表面粗糙度参数的最大值和最小值，见表 11-3 所示示例。

3. 表面粗糙度的标注

在图样上，表面粗糙度符号、代号一般标注在可见轮廓线、尺寸界线、引出线或它们的延长线上。符号的尖端必须从材料外指向加工表面。在同一图样上，每一表面一般只标注一次，并尽可能靠近有关的尺寸线。当空间不足不便标注时，可以引出标注。有关标注方法的图例见表 11-4 所示。

表 11-4 表面粗糙度标注图例

图 例	说 明	图 例	说 明
	使用最多的一种代（符）号可统一标注在图纸右上角,前面标注"其余"两字,代（符）号的大小应是图形上其他代号的 1.4 倍		当零件所有表面为同一代（符）号时,可在图样的右上角统一标注,其代（符）号应比图形上的代（符）号大 1.4 倍
	代号中数字及符号的方向标注方法		零件上连续表面及重复要素（孔、槽、齿等）的表面,其表面粗糙度代（符）号只标注一次
	不连续的表面可用细线相连,其表面粗糙度代（符）号可只标注一次		零件上连续表面及重复要素（孔、槽、齿等）的表面,其表面粗糙度代（符）号只标注一次
	键槽的工作面,倒角、圆角的表面粗糙度代号,可以简化标注		齿轮、螺纹的表面粗糙度代（符）号注在尺寸线或其延长线上

11.4.2 极限与配合

1. 互换性

在成批或大量生产中,互换性是工业品必须具备的重要性质。互换性指一批相同规格零件中,任选一件,不经修配就可安装到机器上,并且能够满足设计和使用性能要求。零件具有互换性,便于装配和维修,也有利于在企业间组织生产协作,缩短生产周期,降低生产成本,提高生产率。

2. 尺寸公差

在实际生产中，受各种因素的影响，零件的尺寸不可能做得绝对精确。为了使零件具有互换性，设计零件时，根据零件的使用要求和加工条件，对某些尺寸规定一个允许的变动量，这个变动量称为尺寸公差，简称公差。下面以图 11-11 为例说明公差的基本术语与定义。

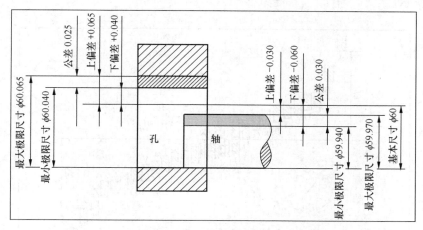

图 11-11　尺寸公差的概念

（1）基本尺寸：设计时给定的尺寸，如图 11-11 中 $\phi60$。

（2）极限尺寸：允许尺寸变化的最大与最小极限尺寸。图 11-11 中孔和轴的最大极限尺寸分别为 $\phi60.065$ 和 $\phi59.970$，孔和轴的最小极限尺寸分别为 $\phi60.040$ 和 $\phi59.940$。

（3）极限偏差：极限偏差分上偏差和下偏差，上偏差指最大极限尺寸与基本尺寸的代数差，而最小极限尺寸与基本尺寸的代数差则称为下偏差。

孔的上偏差用 ES 表示，下偏差用 EI 表示；轴的上偏差用 es 表示，下偏差用 ei 表示。尺寸偏差可以是正、负或零值。图 11-11 中孔的上偏差为 $+0.065$，下偏差为 $+0.040$；轴的上偏差为 -0.030，下偏差为 -0.060。

（4）尺寸公差（简称公差）：允许尺寸的变动量，即最大极限尺寸减去最小极限尺寸的值，或上偏差减去下偏差的值。公差总是大于零的正数。图 11-11 中孔的公差为 0.025，轴的公差为 0.030。

（5）公差带：在图 11-12 中，用零线表示基本尺寸，上方为正，下方为负，公差带则指的是由代表上偏差和下偏差或最大极限尺寸和最小极限尺寸的两条直线所限定的一个区域。矩形的长度无实际意义，高度代表公差。

（6）标准公差与基本偏差：由图 11-12 可以看出，公差带是由决定其高度的标准公差和决定其相对于零线位置的基本偏差这两个要素组成的。

国家标准将公差等级划分为 20 个等级，分别

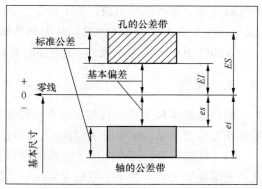

图 11-12　公差带

为 IT01、IT0、IT1、…、IT18，其中 IT01 精度最高，IT18 精度最低。基本尺寸相同时，公差等级越高（数值越小），标准公差也越小。公差等级相同时，基本尺寸越大，标准公差越大。

基本偏差是用于确定公差带相对于零线位置的那个极限偏差，一般为靠近零线的那个偏差。基本偏差有正号和负号。国家标准对孔与轴的基本偏差代号各规定了 28 种，用字母或字母组合表示。孔的基本偏差代号用大写字母表示，轴的基本偏差代号用小写字母表示，如图 11-13 所示。

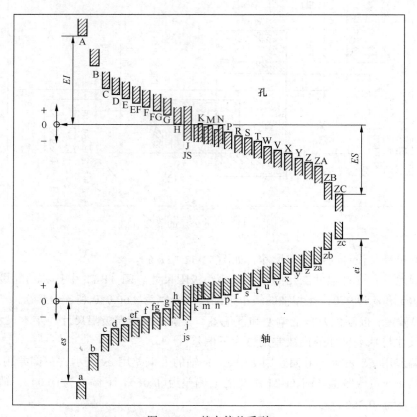

图 11-13　基本偏差系列

（7）公差带代号：公差带的代号由表示公差带位置的基本偏差代号和表示公差带大小的公差等级并加上基本尺寸组成，如下面 2 个例子所示。

ϕ60H8 中 ϕ60 为基本尺寸，H 为孔的基本偏差代号，8 为公差等级，即 IT8。

ϕ50f7 中 ϕ50 为基本尺寸，f 为轴的基本偏差代号，7 为公差等级，即 IT7。

3．配合

配合指基本尺寸相同且相互结合的孔和轴公差带之间的关系。根据相互结合的孔和轴公差带的相互位置关系，配合分为间隙配合，过盈配合和过渡配合 3 类。

（1）间隙配合：具有间隙（包括最小间隙等于零）的配合称为间隙配合，如图 11-14 所示，孔公差带在轴公差带之上，孔的实际尺寸总比轴的实际尺寸大。

（2）过盈配合：具有过盈（包括最小过盈等于零）的配合称为过盈配合，如图 11-15 所示，孔的公差带在轴的公差带之下，孔的实际尺寸总比轴的实际尺寸小。

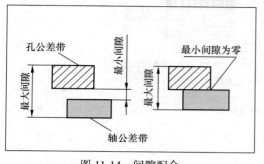

图 11-14　间隙配合

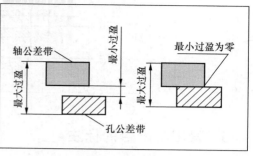

图 11-15　过盈配合

（3）过渡配合：可能具有间隙或过盈的配合称为过渡配合，如图 11-16 所示，孔的公差带与轴的公差带相互交叠，孔的实际尺寸比轴的实际尺寸有时大、有时小。

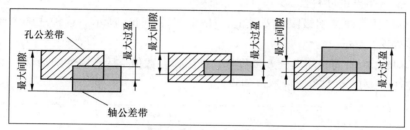

图 11-16　过渡配合

4．配合制

配合制是同一极限制的孔和轴组成配合的一种制度。为了统一基准件的极限偏差，减少定值刀具、量具的规格和数量，降低生产成本，国家标准配合制规定了基孔制和基轴制两种配合制度。一般应优先采用基孔制。

（1）基孔制配合：基孔制配合指基本偏差为一定的孔，与不同基本偏差的轴形成各种配合的一种制度，如图 11-17 所示。基孔制配合中的孔称为基准孔。基准孔的基本偏差代号为 H。H 公差带位于零线之上，基本偏差（即下偏差）为零。

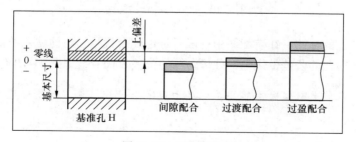

图 11-17　基孔制配合

（2）基轴制配合：基轴制配合指基本偏差为一定的轴的公差带，与不同基本偏差的孔的公差带形成各种配合的一种制度，如图 11-18 所示。基轴制配合中的轴称为基准轴。基准轴的基本偏差代号为 h。h 的公差带位于零线之下，基本偏差（即上偏差）为零。

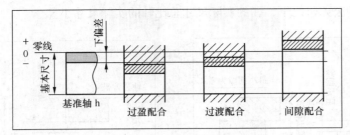

图 11-18　基轴制配合

5．极限与配合的标注

（1）在零件图上的标注

在零件图上有 3 种标注形式。

① 在基本尺寸右面注出公差带代号，不标注极限偏差数值，如图 11-19（a）所示。这种注法主要用于大批量生产的零件图。

② 在基本尺寸右面注出极限偏差数值，如图 11-19（b）所示。这种注法主要用于小量或单件生产的零件图。

③ 在基本尺寸后面同时注出公差带代号和极限偏差数值，后者应加圆括号，如图 11-19（c）所示。这种注法主要用于生产批量不定的零件图。

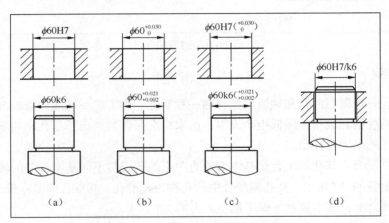

图 11-19　极限与配合的标注

（2）在装配图上的标注：在装配图中一般只标注配合代号，不注偏差数值。配合代号用分数形式表示，分子为孔的公差带代号，分母为轴的公差带代号，如图 11-19（d）所示。

 在标注偏差数值时，字高要比尺寸数字小一号，且下偏差与尺寸数字在同一水平线上。

11.4.3　形状和位置公差

零件加工过程中，在尺寸上会产生误差，在形状和位置上也会产生误差。为了限制形状和位置误差，国家标准规定了形状公差和位置公差，简称形位公差，即零件要素（点、线、面）

的实际形状和实际位置相对于理想形状和理想位置所允许的变动全量。

1. 形位公差代号

国家标准规定形位公差用框格代号标注。代号包括形位公差框格、指引线、形位公差数值和其他有关符号、基准符号等，如图 11-20 所示。

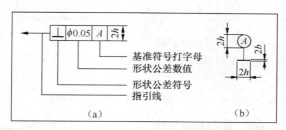

图 11-20　形位公差代号及基准符号

代号中涉及的项目和对应的符号如表 11-5 所示。

表 11-5　　　　　　　　　　　　　　　形位公差的项目和符号

公　差		特 征 项 目	符　　号	公　差		特 征 项 目	符　　号
形状	形状	直线度	—	位置	定向	平行度	//
		平面度	▱			垂直度	⊥
		圆度	○			倾斜度	∠
		圆柱度	⌭		定位	同轴(心)度	◎
形状或位置	轮廓	线轮廓度	⌒			位置度	⊕
						对称度	＝
		面轮廓度	⌒		跳动	圆跳动	↗
						全跳动	↗↗

2. 形位公差的标注

形位公差的标注方法及示例如表 11-6 所示。

表 11-6　　　　　　　　　　　　　　　形位公差的标注

标 注 方 法	标 注 示 例
当被测要素为线或表面时，指引线的箭头应指在该要素的轮廓线或其延长线上，并应明显地与尺寸线错开	
当被测要素为轴线或中心平面时，指引线的箭头应与该要素的尺寸线对齐	

续表

标 注 方 法	标 注 示 例
当被测要素为各要素的公共轴线、公共中心平面时，指引线的箭头可以直接指在轴线或中心线上	
当基准要素为素线或表面时，基准符号应靠近该要素的轮廓线或其延长线标注，并应明显地与尺寸线错开	
当基准要素为轴线或中心平面时，基准符号应与该尺寸线对齐	
当基准要素为各要素的公共轴线、公共中心平面时，基准符号可以直接靠近公共轴线或中心线标注	
若多个被测要素有相同的形位公差要求时，可以在从框格引出的指引线上绘制多个箭头并分别与各被测要素相连	
当同一个被测要素有多项形位公差要求，可以将这些框格画在一起，共用一根指引线箭头	

为了避免混淆，基准不能采用 *E*、*I*、*J*、*M*、*O*、*P* 等字母。当无法用代号标注时，可以在技术要求中用文字说明。

11.4.4　AutoCAD 中标注技术要求

1．标注表面粗糙度

（1）创建表面粗糙度符号

① 绘制图 11-21（a）所示的表面粗糙度符号。

② 选择"绘图"｜"块"｜"定义属性"选项，打开"属性定义"对话框，各参数设置如图 11-22 所示。单击"确定"按钮，完成属性定义。

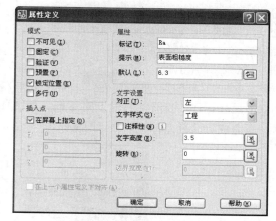

图 11-22　"属性定义"对话框

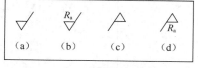

图 11-21　创建粗糙度符号

③ 执行写外部块命令"WBLOCK"，打开"写块"对话框，如图 11-23 所示。单击"选择对象"按钮，返回绘图窗口，选取图 11-21（b）所示图形。单击"拾取点"按钮，返回绘图窗口，捕捉图形底部端点。单击"确定"按钮完成块的定义。

④ 绘制如图 11-21（c）所示的表面粗糙度符号。

⑤ 重复步骤②定义属性。

⑥ 重复步骤③，以"表面粗糙度（下）"为块名称定义外部块，如图 11-21（d）所示。

（2）标注表面粗糙度

需要标注表面粗糙度时，单击"绘图"工具栏中"插入块"按钮，打开"插入"对话框，如图 11-24 所示。根据需要设置"插入"对话框中相关参数，单击"确定"按钮关闭对话框后，按系统提示给定插入点位置、属性值等，即可实现表面粗糙度的标注。

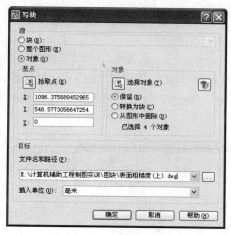

图 11-23　"写块"对话框

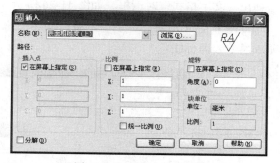

图 11-24　"插入"对话框

2. 标注尺寸公差

在 AutoCAD 中标注尺寸公差的方法有多种，下面介绍两种比较常用的标注方法。

（1）通过修改公差特性标注

选择"标注"｜"线性"选项，系统提示如下。

```
命令：_dimlinear
指定第一条尺寸界线原点或 <选择对象>：                          //拾取第一条尺寸界线原点。
指定第二条尺寸界线原点：                                      //拾取第二条尺寸界线原点。
指定尺寸线位置或
[多行文字(M)/文字(T)/角度(A)/水平(H)/垂直(V)/旋转(R)]：      //指定尺寸线位置。
```

双击尺寸标注，打开"特性"对话框，如图 11-25 所示，设置各参数后，关闭"特性"对话框，即完成尺寸公差标注。

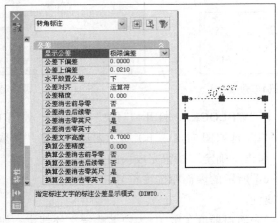

图 11-25   "特性"对话框

（2）用堆叠字符标注

选择"标注"｜"线性"选项，系统提示如下。

```
命令：_dimlinear
指定第一条尺寸界线原点或 <选择对象>：                                    //拾取第一条尺寸界线原点。
指定第二条尺寸界线原点：                                                //拾取第二条尺寸界线原点。
指定尺寸线位置或
[多行文字(M)/文字(T)/角度(A)/水平(H)/垂直(V)/旋转(R)]：m ↵            //选择"多行文字(M)"选项。
```

弹出"文字格式"对话框，如图 11-26 所示。在输入窗口输入"%%C30H7(+0.030^0)"，选中"+0.030^0"，单击对话框中"堆叠"图标按钮，单击"确定"按钮，接着指定尺寸线位置，即完成尺寸公差标注。

图 11-26   "文字格式"对话框

3. 标注形位公差

执行命令"QLEADER"，系统提示如下。

命令：QLEADER
指定第一个引线点或 [设置(S)] <设置>：　　　↵ 　　　　　　　　　//按 Enter 键打开设置对话框。

　　打开"引线设置"对话框，在"注释"选项卡（如图 11-27 所示）中，"注释类型"设置为"公差"。在"引线和箭头"选项卡（如图 11-28 所示）中，"角度约束"的第一段设置为"90°"，第二段设置为"水平"。

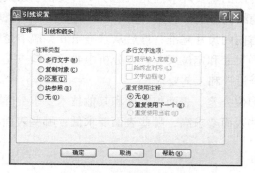

图 11-27　"注释"选项卡

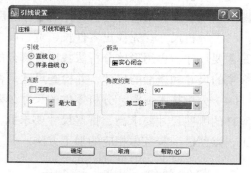

图 11-28　"引线和箭头"选项卡

　　单击"确定"按钮，系统提示如下。

指定第一个引线点或 [设置(S)] <设置>：　　　　　　//指定第一个引线点。
指定下一点：　　　　　　　　　　　　　　　　　　　//指定引线点第二点。
指定下一点：　　　　　　　　　　　　　　　　　　　//指定引线点第三点。

　　接着系统弹出"形位公差"对话框，如图 11-29 所示。根据需要选择特征符号，输入公差数值与基准符号。单击"确定"按钮，即完成形位公差的标注。

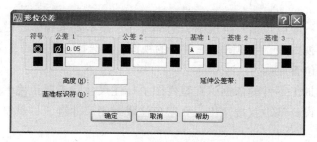

图 11-29　"形位公差"对话框

11.5 读零件图

1. 概括了解

　　从标题栏内了解零件的名称、材料、比例等并浏览视图，可初步得知零件的用途和形体概貌。

2．详细分析

（1）分析表达方案。分析零件图的视图布局，找出主视图、其他基本视图和辅助视图所在的位置。根据剖视、断面的剖切方法、位置，分析剖视、断面的表达目的和作用。

（2）分析形体。想出零件的结构形状是看零件图的重要环节。先从主视图出发，联系其他视图、利用投影关系进行分析，弄清零件各部分的结构形状，想象出整个零件的结构形状。

（3）分析尺寸。先找出零件长、宽、高 3 个方向的尺寸基准，然后从基准出发，搞清楚哪些是主要尺寸。再用形体分析法找出各部分的定形尺寸和定位尺寸。在分析中要注意检查是否有多余的尺寸和遗漏的尺寸，并检查尺寸是否符合设计和工艺要求。

（4）分析技术要求。分析零件的尺寸公差、形位公差、表面粗糙度和其他技术要求，弄清楚零件的哪些尺寸要求高，哪些尺寸要求低，哪些表面要求高，哪些表面要求低，哪些表面不加工，以便进一步考虑相应的加工方法。

3．归纳总结

综合前面的分析，把图形、尺寸和技术要求等全面系统地联系起来思索，并参阅相关资料，得出零件的整体结构、尺寸大小、技术要求及零件的作用等完整的概念。

小　结

完整的零件图，一般应包括一组视图、全部尺寸、技术要求和标题栏。

在零件图的一组视图中，主视图是最重要的视图，在选择主视图时，应注意形状特征原则、加工位置原则和工作位置原则。

零件的尺寸，是加工零件的依据。在零件图上标注尺寸除了要正确、完整、清晰外，还要注意重要尺寸必须从设计基准直接注出，要避免注成封闭尺寸链，尽量符合零件的加工要求并便于测量。

零件图上的技术要求主要包括表面粗糙度，极限与配合，形状和位置公差，热处理、表面处理等。标注技术要求时，凡已有规定代（符）号的，用代（符）号直接标注在图上，无规定代（符）号的，可以用文字或数字简明注写在零件图的下部空白处。

上机练习指导

【练习内容】

绘制图 11-30 所示输出轴的零件图。

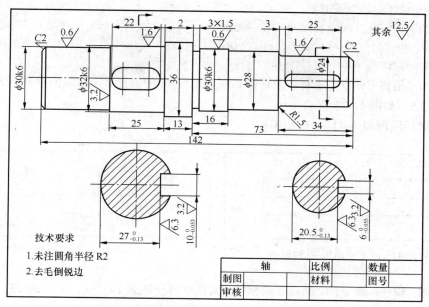

图 11-30　上机练习

（1）创建新文件，设置绘图环境，或打开"A4"样板文件。

（2）打开"正交"模式，绘制定位线，如图 11-31 所示。

命令：_line 指定第一点：	//光标指定第一点。
指定下一点或 [放弃(U)]：36　↵	//输入 36，按 Enter 键。
指定下一点或 [放弃(U)]：　↵	//按 Enter 键结束命令。
命令：_line 指定第一点：　↵	//光标拾取垂直线中点。
指定下一点或 [放弃(U)]：142　↵	//输入 142，按 Enter 键。
指定下一点或 [放弃(U)]：　↵	//按 Enter 键结束命令。

（3）绘制最大轴径，如图 11-32 所示。

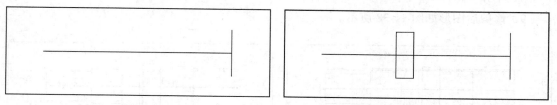

图 11-31　绘制定位线　　　　　　图 11-32　绘制最大轴径

命令：_offset	
当前设置：删除源=否　图层=源　OFFSETGAPTYPE=0	
指定偏移距离或 [通过(T)/删除(E)/图层(L)] <通过>：73　↵	//输入 73，按 Enter 键。
选择要偏移的对象，或 [退出(E)/放弃(U)] <退出>：	//拾取垂直线定位线。
指定要偏移的那一侧上的点，或 [退出(E)/多个(M)/放弃(U)] <退出>：	//在其左侧单击。
选择要偏移的对象，或 [退出(E)/放弃(U)] <退出>：*取消*	
命令：_offset	
当前设置：删除源=否　图层=源　OFFSETGAPTYPE=0	

指定偏移距离或 [通过(T)/删除(E)/图层(L)] <73.00>： 86 ↵　　　//输入86，按 Enter 键。

选择要偏移的对象，或 [退出(E)/放弃(U)] <退出>：　　　　　　　//拾取垂直线定位线。

指定要偏移的那一侧上的点，或 [退出(E)/多个(M)/放弃(U)] <退出>：　　//在其左侧单击。

选择要偏移的对象，或 [退出(E)/放弃(U)] <退出>： *取消*

（4）使用"偏移"命令，绘制最大轴径右端直径为 30 的轴径，偏移取值分别为 3、13、15、15、13.5、13.5，如图 11-33 所示。

（5）修剪后图形如图 11-34 所示。

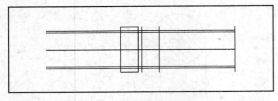

图 11-33　绘制直径为 30 的轴径　　　　　　　　图 11-34　修剪

（6）使用"偏移"命令，绘制右端两轴径，偏移取值分别为 14、14、12、12、23，如图 11-35 所示。

（7）修剪后图形如图 11-36 所示。

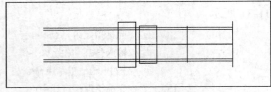

图 11-35　绘制右端两轴径　　　　　　　　图 11-36　修剪

（8）使用"偏移"命令，绘制左端两轴径；偏移取值分别为 16、16、15、15、25、31，如图 11-37 所示。

（9）修剪后图形如图 11-38 所示。

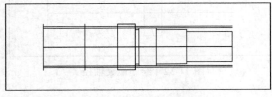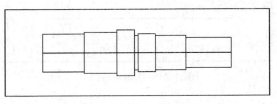

图 11-37　绘制左端两轴径　　　　　　　　图 11-38　修剪

（10）对左右两端进行倒角，绘制键槽，如图 11-39 所示。

（11）绘制断面图，如图 11-40 所示。

（12）调整图层，整理图线，结果如图 11-41 所示。

（13）切换到"尺寸标注"图层，标注尺寸和技术要求，结果如图 11-42 所示。

（14）绘制和插入标题栏，完成图形绘制，如图 11-30 所示。

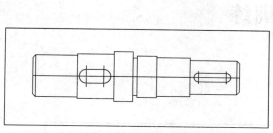

图 11-39　绘制键槽

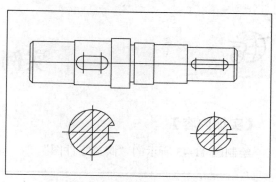

图 11-40　绘制断面图

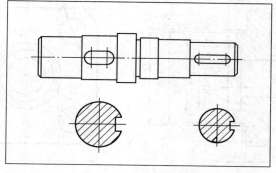

图 11-41　调整图层

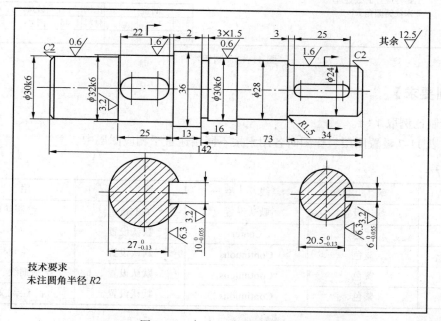

技术要求
未注圆角半径 R2

图 11-42　标注尺寸和技术要求

实例训练

【实训内容】

绘制图 11-43 所示的"阀盖零件图"。

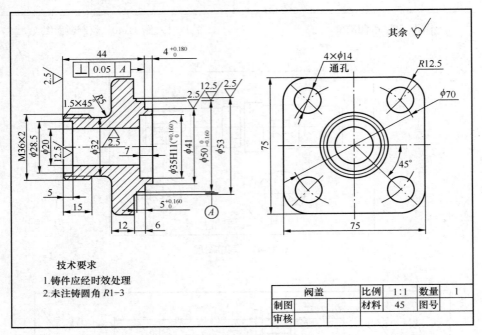

图 11-43　阀盖零件图

【实训要求】

1. 绘制比例取 1：1。

2. 按表 11-7 设置图层，作图时各图素按不同用途置于相应图层中。

表 11-7

层　名	颜　色	线　型	线　宽	用　途
轮廓线	默认设置	默认设置	0.35mm	绘制轮廓线
中心线	红色	Center	默认设置	绘制中心线
标注	蓝色	Continuous	默认设置	绘制尺寸
剖面线	黄色	Continuous	默认设置	绘制细线、剖面线
文本	紫色	Continuous	默认设置	绘制文本

3. 表面粗糙度符号做成外部块。

4. 以"实例训练 11.dwg"为文件名保存文件。

习 题

1. 粗糙度 R_a 常用的标准值有哪些？其值的大小与零件表面的粗糙特性有什么关系？

2. 什么是设计基准和工艺基准？如何协调？

3. 什么是尺寸链？开口环应放在何处？

4. 根据图 11-44 中的尺寸填空。孔的基本尺寸为_____，最大极限尺寸为_____，最小极限尺寸为_____，上偏差为_____，下偏差为_____，公差为_____。

5. 用文字解释图 11-45 中形状和位置公差的含义。

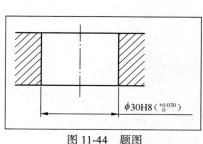

图 11-44 题图

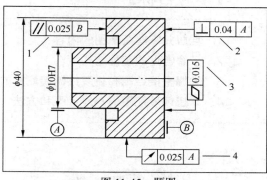

图 11-45 题图

6. 绘制如图 11-46 所示齿轮零件图。

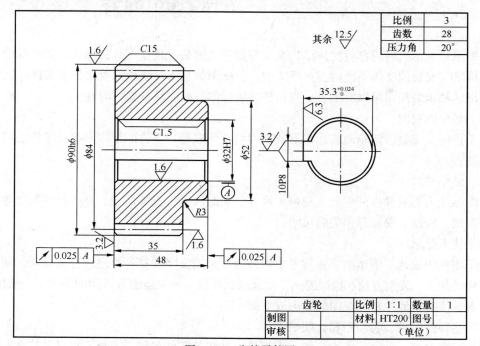

图 11-46 齿轮零件图

第12章

装配图

【学习目标】

1. 理解并掌握装配图的内容
2. 了解常见的装配结构
3. 掌握直接绘制和拼装绘制装配图的方法
4. 掌握读装配图的一般步骤和方法

12.1 装配图的内容

装配图是表示机器或部件整体结构及其零部件之间装配连接关系的图样。在产品的设计、装配、检验、安装调度等不同的生产环节中，装配图都是不可缺少的重要技术文件。从图 12-1 所示的滑动轴承装配图可以看出，一张完整的装配图一般应具备如下内容。

（1）必要的视图

用于正确、完整、清晰地表达机器或部件的工作原理、零件的结构形状及零件之间装配关系的视图。

（2）必要的尺寸

只需标注机器或部件的性能（规格）尺寸、装配尺寸、安装尺寸、整体外形尺寸等与机器组装、使用、检修、安装等相关的尺寸。

（3）技术要求

对于用视图表达不清楚的一些技术要求，通常采用文字和符号等进行补充说明，例如对机器或部件的加工、装配方法、检验要点、安装调试手段、包装运输等方面的要求。一般情况下，技术要求应该工整地注写在视图的右侧或下部。

（4）零部件序号、明细栏和标题栏

对装配图中每一种零部件均应编一个序号，并将其零件名称、图号、材料、数量等情况填写在明细表和标题栏的规定栏目中，同时要填写好标题栏，以方便图样的管理。

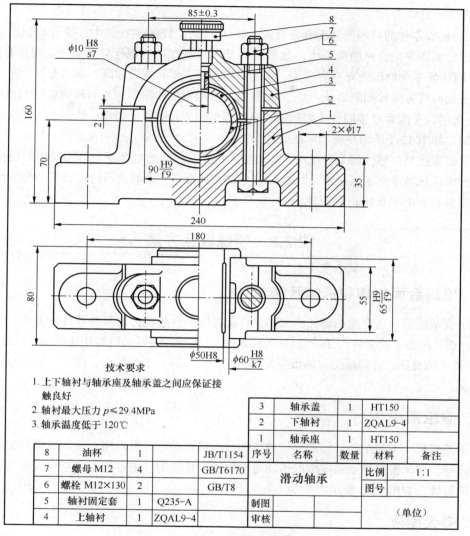

技术要求

1. 上下轴衬与轴承座及轴承盖之间应保证接触良好
2. 轴衬最大压力 $p \leqslant 29.4\text{MPa}$
3. 轴承温度低于 120℃

3	轴承盖	1	HT150	
2	下轴衬	1	ZQAL9-4	
1	轴承座	1	HT150	
序号	名称	数量	材料	备注

8	油杯	1	JB/T1154		
7	螺母 M12	4	GB/T6170		
6	螺栓 M12×130	2	GB/T8		
5	轴衬固定套	1	Q235-A		
4	上轴衬	1	ZQAL9-4		

滑动轴承		比例	1:1
		图号	
制图		（单位）	
审核			

图 12-1　滑动轴承装配图

12.2

装配图的表达方法

　　装配图主要用于表达工作原理和装配关系，为了使表达正确、完整、清晰和简练，根据装配的特点和表达要求，国家标准对装配图提出了一些规定画法和特殊的表达方法。

12.2.1 规 定 画 法

1. 两相邻零件的接触面和配合面只画一条线，如图 12-1 主视图中，螺母与轴承盖的接触面。非接触面和非配合面画两条线，如图 12-1 所示主视图中，螺栓与轴承座之间是非接触面。

2. 两相邻零件剖面线要有所区别，要么方向相反，要么方向相同、间隔不等。同一零件在各视图上剖面线方向和间隔必须一致，如图 12-1 所示主视图中轴承盖与轴承座的剖面线。

3. 当剖切平面通过紧固件（如螺钉、螺母等）和实心零件（如键、销等）的轴线时，均按不剖绘制，如图 12-1 所示主视图中的螺栓与螺母。

若需要表达某些零件的某些结构，如键槽、销孔、齿轮的啮合等，可用局部剖视表示。

窄剖面区域可全部涂黑表示，如图 12-3 中垫片的画法。涂黑表示的相邻两个窄剖面区域之间，必须留有不小于 0.7mm 的间隙。

12.2.2 特殊表达方法

1. 沿结合面剖切和拆卸画法

为了表示被某一零件遮挡部分的结构，可在视图中假想地拆去某些零件来表达。需要说明时，可注明"拆去××零件"，或"拆去×号零件"。必要时还可采用拆卸和剖切相结合的方法。图 12-1 所示俯视图，沿轴承盖与轴承座的结合面剖开，拆去上面部分，以表达轴瓦与轴承座的装配情况。

2. 假想画法

如果需要表示本装配件与相邻部件或零件的连接关系时，可以用双点划线画出相邻部件或零件的轮廓。如果需要表示某零件的运动范围和极限位置时，也可以用双点划线画出该零件极限位置的轮廓，如图 12-2 所示。

3. 夸大画法

不接触表面和非配合面的细微间隙、薄垫片、小直径的弹簧等，可以不按比例画，而适当加大尺寸画出。

4. 简化画法

在装配图中，对零件的工艺结构，如圆角、倒角、退刀槽等允许不画。滚动轴承、螺栓连接等可采用简化画法，如图 12-3 所示。

5. 单独零件的单独画法

在装配图中，如果需要特别说明某个零件的结构形状，可以单独画出该零件的某个视图，但要在所画视图的上方注写该零件的视图名称，在相应视图附近用箭头指明投影方向，并注写相同的字母。

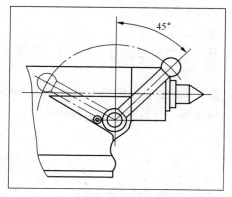

图 12-2　极限位置画法

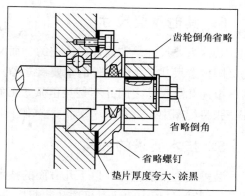

图 12-3　简化画法和夸大画法

12.3 装配图的尺寸标注和技术要求

因为装配图的作用与零件图的作用不同，所以在图上标注尺寸的要求也不同。在装配图上应该按照对装配体的设计和生产的要求来标注某些必要的尺寸。一般需要标注的尺寸有下列几类。

1. 性能（规格）尺寸

表示产品工作能力、规格的尺寸就是性能（规格）尺寸。这些尺寸在设计时就已确定，也是用户选择产品的主要依据。图 12-1 所示滑动轴承装配图中 $\varPhi$50H8 是轴承孔径尺寸，即滑动轴承的规格尺寸。

2. 装配尺寸

表示装配体中各零件之间相互配合关系和相对位置所需要的尺寸就是装配尺寸。配合关系用配合尺寸表示，相对位置用相对位置尺寸表示。图 12-1 所示滑动轴承装配图中 90H9/f9、$\varPhi$60H8/k7 为配合尺寸，85±0.3 为相对位置尺寸。

3. 安装尺寸

为保证装配要求，有关零件需装配在一起后再进行加工，此时应注出加工尺寸，如销孔的配钻尺寸。

4. 外形尺寸

表示装配体外形所需要的尺寸就是外形尺寸。它反映了装配体的大小，提供了装配体在包装、运输和安装过程中所占的空间尺寸。图 12-1 所示滑动轴承装配图中的 240、80、160 就是外形尺寸。

5．其他重要尺寸

其他重要尺寸是在设计中确定的，而又未包括在上述几类尺寸之中的主要尺寸，如运动件的极限位置尺寸，主体零件的重要尺寸等。

上述几类尺寸之间并不是互相孤立无关的，实际上有的尺寸往往同时具有多种作用。此外，在一张装配图中，也并不一定需要全部注出上述尺寸，应根据具体情况和要求具体确定。

6．技术要求的注写

装配图上一般应注写以下几方面的技术要求。

① 装配过程中的注意事项和装配后应满足的要求，如准确度，润滑要求等。

② 检验、试验的条件和规范以及操作要求。

③ 部件或机器的性能规格参数，以及运输使用时的注意事项和涂饰要求等。

12.4

装配图中的明细栏和标题栏

装配图的图形一般较复杂，包含的零件种类和数目也较多，为了便于在设计和生产过程中统计零部件的种类和数量，方便读图和管理，对装配图上每一个不同零件或部件都必须编注一个序号，并将零部件的序号、名称、材料、数量等项目填写在明细表中。

12.4.1 零件序号的编写规定

1. 装配图中每种零、部件都必须编写序号。同一装配图中相同的零、部件只编写一个序号，且一般只注一次。数量写在标题栏中。零、部件的序号与明细栏中的序号要保持一致。

2. 序号由点、指引线、横线（或圆圈）和序号数字组成。在所指零、部件的可见轮廓内画一圆点，然后从圆点开始画指引线（细实线），在指引线的另一端画一水平线或圆（细实线），在水平线上或圆内注写序号，序号的字高比该装配图中所注尺寸数字高度大一号或两号，如图 12-4 所示。

若所指部分（很薄的零件或涂黑的剖面）内不便画圆点时，可在指引线的未端画出箭头，并指向该部分的轮廓。

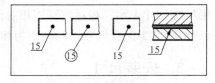

图 12-4 序号的标注方法

 在同一装配图中，编写序号的形式应一致。

3. 零部件序号应沿水平或垂直方向按顺时针（或逆时针）方向顺次排列整齐，并尽可能均匀分布。

4. 当标注螺纹紧固件或其他装配关系清楚的同一组紧固件时可采用公共指引线，如图 12-5 所示。

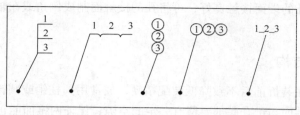

图 12-5　公共指引线

12.4.2　明　细　栏

明细栏一般由序号、代号、名称、数量、材料、重量、备注等组成，也可按实际需要增加或减少。

明细栏一般配置在装配图中标题栏的上方，按由下而上填写。当位置不够时，可紧靠在标题栏的左方自下而上延续。当装配图中不能在标题栏的上方配置明细栏时，可作为装配图的续页按 A4 幅面单独给出，但其顺序应是由上而下延伸。明细栏的边框竖线为粗实线，其余均为细实线。

对于标准件而言，明细栏中的"名称"栏除了填写零、部件名称外，还要填写其规格，而国标号应填写在"备注"栏中。

12.5

常见的装配结构

装配结构是否合理，将直接影响部件（或机器）的装配、工作性能及检修。因此，在设计和绘制装配图的过程中，为了保证装配质量，方便装配、拆卸，应该了解装配结构的合理性问题。

1. 接触面的数量

当两个零件接触时，在同一方向的接触面上，应当只有一个接触面，如图 12-6 所示，这样既可满足装配要求，又可降低加工要求，便于加工制造。

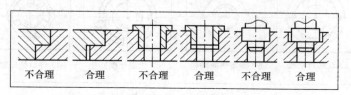

图 12-6　同一方向接触面

2．轴和孔配合结构

为了保证轴肩与孔的端面接触良好，可将孔的接触面制成倒角或在轴肩根部加工出切槽，如图 12-7 所示。

3．销配合处结构

为了保证两零件在装拆前后不致降低装配精度，通常用圆柱销或圆锥销将零件定位。在用圆锥销定位时，锥体端面与锥孔底部要留有一定的空隙，保证两锥面能正确配合。

4．紧固件装配结构

为了使螺栓、螺母、螺钉、垫圈等紧固件与被连接表面接触良好，在被连接件的表面应加工成凸台或凹坑等结构。这样既减少了加工面，降低了生产成本，又可保证接触良好，如图 12-8 所示。

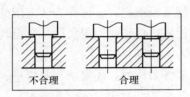

不合理　　　合理

图 12-7　轴和孔配合结构

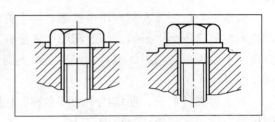

图 12-8　紧固件装配结构

5．防松装置

为防止机器在工作中由于振动而将螺纹紧固件松开，常采用双螺母、弹簧垫圈、止动垫圈和开口销等防松装置，如图 12-9 所示。

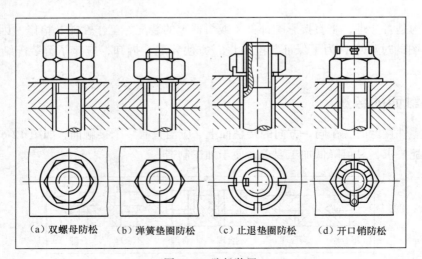

（a）双螺母防松　　（b）弹簧垫圈防松　　（c）止退垫圈防松　　（d）开口销防松

图 12-9　防松装置

应用 AutoCAD 绘制装配图，一般有直接画法和拼装画法两种方法。

直接画法是依次绘制各组成零件在装配图中的投影。画图时，为了方便作图，一般将不同的零件画在不同的图层上，以便关闭或冻结某些图层。

拼装画法是先绘制出各个零件的零件图，再将零件图定义为图块文件或附属图块，用拼装图块的方法拼装成装配图。下面以绘制滑动轴承装配图为例，说明拼画装配图的方法和步骤。

1. 选择表达方案

（1）主视图的选择。

主视图的选择应符合部件的工作位置或习惯放置位置；要尽可能反映该部件的结构特点、工作状况及零件之间的装配、连接关系；应能明显地表示出部件的工作原理。主视图通常取剖视，以表达零件主要装配干线（如工作系统、传动路线）。图 12-1 所示滑动轴承装配图中的主视图采用了半剖视图，既明显地反映出滑动轴承的结构特点，又将零件间的配合、连接关系表示得很清楚，同时也符合其工作位置。

（2）其他视图的选择。

其他视图的选择应能补充主视图尚未表达或表达不够充分的部分。一般情况下，部件中的每一种零件至少应在视图中出现一次。图 12-1 的俯视图采用了拆卸画法（半剖），侧重表示座、盖等主体零件的外形和轴衬孔内的油槽结构。选择其他视图还要注意，不可遗漏任何一个有装配关系的细小部件。

（3）设置绘图环境或调用样板图。文档另存为"滑动轴承装配图.dwg"。

（4）绘制轴承座，如图 12-10 所示。

（5）绘制轴承下轴衬，如图 12-11 所示。

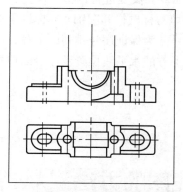

图 12-10　绘制轴承座

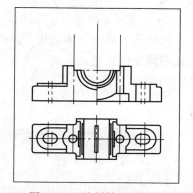

图 12-11　绘制轴承下轴衬

（6）绘制轴承上轴衬，如图 12-12 所示。

（7）绘制轴承盖，如图 12-13 所示。

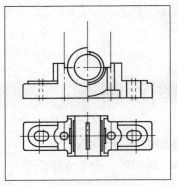

图 12-12　绘制轴承上轴衬

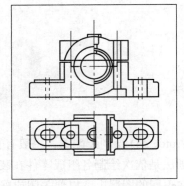

图 12-13　绘制轴承盖

（8）绘制螺栓和螺母，如图 12-14 所示。也可插入螺栓和螺母的标准件图块并对被遮挡部分进行消隐或修剪、擦除等操作。

（9）绘制油杯，如图 12-15 所示。

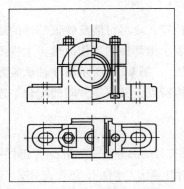

图 12-14　绘制螺栓和螺母

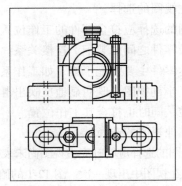

图 12-15　绘制油杯

（10）绘制剖面线，并通盘布局、调整视图位置。布置视图要通盘考虑，使各个视图既要充分、合理地利用空间，又要在图面上分布恰当、均匀，还要兼顾尺寸、零件编号、填写技术要求、绘制标题栏和明细表的填写空间。可调用"移动"命令，反复进行调整。

（11）标注尺寸和零件序号、标注技术要求、绘制并填写标题栏和明细表。标注零件序号有多种形式，用快速引线命令可以很方便的标注零件的序号。为保证序号排列的整齐，可以画辅助线，再按照辅助线位置，通过"夹点"快速调整序号上方的水平线位置及序号的位置。完成图形如图 12-1 所示。

12.7 读装配图的方法

在装配、安装、使用和维修机器设备当中，都要涉及读装配图。通过读图，可以了解部件的工作原理、性能和功能；可以明确部件中各个零件的作用和它们之间的相对位置、装配关系及拆装顺序；也可以分析清楚主要零件及其他有关零件的结构形状。下面以虎钳装配图（如图 12-16 所示）为例，说明读装配图的一般步骤和方法。

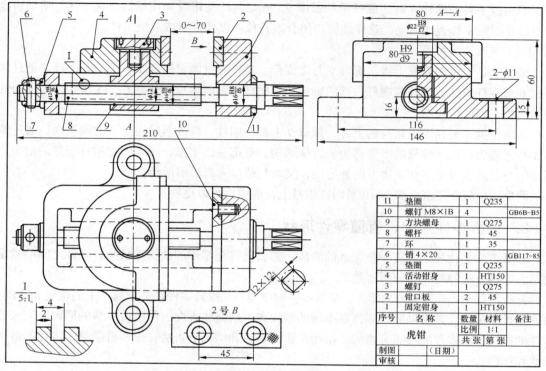

图 12-16　虎钳装配图

1.　了解部件概况，分析视图关系

（1）从有关资料和标题栏中了解部件的名称、大致用途及工作情况。

（2）从明细栏中了解各零件的名称、数量并找出它们在装配图中的位置，初步了解各零件的作用。

（3）分析视图，弄清楚各视图、剖视图等表达方法的投影关系及其表达的意图。

对机用虎钳而言，它是一种在机床工作台上用来夹持工件，以便进行工件加工的夹具。该虎钳由固定钳身 1、活动钳身 4、螺杆 8 和螺母 9 等 11 种零件组成。

①　主视图为全剖视图，虎钳按工作位置放置，清楚表达了大部分零件间的装配关系以及几个重要尺寸，螺杆是主要的装配干线。

②　左视图采用半剖，剖切平面通过螺母的对称面，主要表达固定钳身与活动钳身、螺母的装配关系。

③　俯视图中的局部剖视表达了钳身、钳口板用螺钉连接的情况。

④　局部放大图表示了螺杆非标螺纹矩形牙型的形状和尺寸，移出断面表达了螺杆头部的结构与尺寸

2.　分析工作原理，弄清装配关系

分析部件的工作原理，一般应从运动关系入手，并进一步弄清楚零件之间的连接关系和配

合性质。

（1）分析工作原理。

当用扳手转动螺杆 8 时，螺杆带动螺母 9，螺母与活动钳身 4 用螺钉连成一体，活动钳身就沿固定钳身 1 作直线运动，这样使钳口闭合或开放，以便夹紧或放松工件。

（2）弄清装配关系。

螺杆 8 是主要的装配干线，螺母 9 与之旋合，螺杆穿过固定钳身 1 下部的孔，环 7 通过圆锥销 6 与螺杆固结，该环与螺杆右部的轴肩实现螺杆的轴向定位，垫圈 6、11 增加了零件间的接触面积，起保护作用。

活动钳身 4 装在固定钳身的上方，螺母 9 上部为圆柱，插入活动钳身 4 的圆孔内，通过螺钉 3 与之连为一体，螺母的下半部为长方体结构，底部呈凸字形，嵌在固定钳身下部的槽中，活动钳身以此实现上下和宽度方向的定位，又能与螺母一起沿槽滑动。

两块钳口板 2 用沉头螺钉 10 紧固在钳身上，磨损后可以更换。

3．分析零件作用，看懂零件形状

分析零件是读装配图进一步深入的阶段，需要把每个零件的结构形状和各零件之间的装配关系、连接方法等进一步分析清楚。

分析零件时，首先要分离零件，根据零件的序号，先找到零件在某个视图上的位置和范围；再遵循投影关系，并借助同一零件在不同的剖视图上剖面线方向、间距应一致的原则，来区分零件的投影。将零件的投影分离后，采用形体分析法和结构分析法，逐步看懂每个零件的结构形状和作用。

对于部件装配图中的标准件，可由明细表中确定其规格、数量和标准代号。如螺柱、螺母、滚动轴承等的有关资料可从手册中查到。

4．综合各部分结构，想象整体形状

综合各部分的结构形状，进一步分析部件的工作原理、传动和装配关系、部件的拆装顺序、标注的尺寸和技术要求的意义等。通过归纳总结，加深对部件整体的全面认识。

小 结

装配图主要用于表达机器或部件的性能、工作原理、各组成零件之间的装配关系和有关装配检验方面的技术要求。

表达机器或部件的方法与表达零件的基本方法相同，两者都是采用各种视图、剖视图和断面图等表达方法。但装配图主要表达零件之间的相互位置关系，因而又有特殊的规定画法和特殊的表达方法。

从装配图的作用出发，只标注与部件性能、装配、安装等有关的尺寸及总体尺寸和设计时确定的重要尺寸等。

读装配图时要把装配图上所表达的部件性能、工作原理及各零件之间的相互关系读懂，而

且要进一步想象出每个零件的形状。

上机练习指导

【练习内容】

已知钢板 A 的厚度 δ_1=18，钢板 B 的厚度 δ_2=22，选用的螺纹紧固件为 "GB/T5782 螺栓 M16×65"、"GB/T41 螺母 M16"、"GB/T97.1 垫圈 16"。用简化画法绘制螺纹连接装配图。

【练习指导】

（1）设置绘图环境。

① 设置图形界限（A4 竖放）。

② 新建中心线层、粗实线层、细实线层、剖面线层、尺寸标注层。

③ 设置文字样式。

④ 设置标注样式。

（2）绘制竖放 A4 图幅的外边框、内边框。

① 将细实线层设为当前层，利用"矩形"绘图命令绘制外边框。

② 将粗实线层设为当前层，重复"矩形"绘图命令绘制内边框。

③ 绘制标题栏。

（3）使用"缩放"命令，将图形满屏显示，以"螺纹连接装配图"文件名保存文档。

（4）绘制螺栓块。

① 新建一个图形文件，按照图 12-17 所示的尺寸绘制螺栓块，如图 12-18 所示。

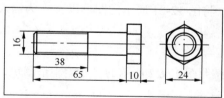

图 12-17　绘制螺栓

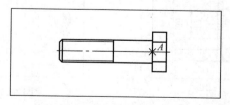

图 12-18　绘制螺栓块

② 在命令行输入"wblock"命令，打开"写块"对话框（如图 12-19 所示）。将目标选项区域中的"文件名和路径"下拉菜单改为"D:\装配图练习\螺栓块.dwg"，选择图 12-18 所示的图形为块对象，并且以 A 点为插入基点，单击"确定"按钮即生成一个图块。

图 12-19　"写块"对话框

（5）绘制螺母块。

① 新建一个图形文件，按照图 12-20 所示的尺寸绘制螺栓块，如图 12-21 所示。

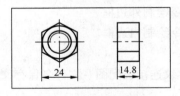

图 12-20　绘制螺母

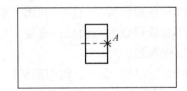

图 12-21　绘制螺母块

② 使用"wblock"命令，将图 12-21 所示的图形以 A 点为插入基点，以"螺母块.dwg"为文件名保存为图块。

（6）绘制垫圈块。

① 新建一个图形文件，按照图 12-22 所示的尺寸绘制垫圈块，如图 12-23 所示。

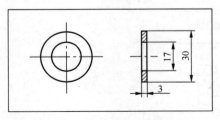

图 12-22　绘制垫圈

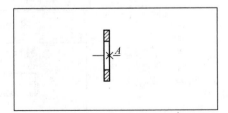

图 12-23　绘制垫圈块

② 使用"wblock"命令，将图 12-23 所示的图形以 A 点为插入基点，以"垫圈块.dwg"为文件名保存为图块。

（7）打开"螺纹连接装配图"文档，将中心线层设为当前层，启用"正交"功能，绘制中心线。

（8）将粗实线层设为当前层，用"构造线"命令及其中的"偏移"选项，完成被连接件轮廓线的绘制。

```
命令：_xline
指定点或 [水平(H)/垂直(V)/角度(A)/二等分(B)/偏移(O)]:
指定通过点：                              //光标指定通过点。
指定通过点：                              //光标指定通过点。
命令：↵                                   //按 Enter 键重复执行构造线命令。
XLINE 指定点或 [水平(H)/垂直(V)/
角度(A)/二等分(B)/偏移(O)]: o ↵           //选择"偏移(O)"选项。
指定偏移距离或 [通过(T)] <3.0>: 18 ↵      //指定偏移距离"18"。
选择直线对象：                            //拾取刚绘制的构造线。
指定向哪侧偏移：                          //在刚绘制的构造线上方单击左键。
选择直线对象：       ↵                    //按 Enter 键结束构造线命令。
命令：↵                                   //按 Enter 键重复执行构造线命令。
XLINE 指定点或 [水平(H)/垂直(V)/
角度(A)/二等分(B)/偏移(O)]: o ↵           //选择"偏移(O)"选项。
指定偏移距离或 [通过(T)] <22.0>: 22 ↵     //指定偏移距离"22"。
选择直线对象：                            //拾取刚绘制的构造线。
指定向哪侧偏移：                          //在刚绘制的构造线下方单击左键。
```

（9）继续在粗实线层，用"构造线"命令及其中的"偏移"选项，绘制被连接件钻孔轮廓线（钻孔孔径$=1.1d = 1.1 \times 16 = 17.6$，半径$=17.6/2 = 8.8$，$d$ 为螺栓大径）。

```
命令：_xline
指定点或 [水平(H)/垂直(V)/角度(A)/二等分(B)/偏移(O)]: o ↵   //选择"偏移(O)"选项。
指定偏移距离或 [通过(T)] <22.0>: 8.8 ↵                    //指定偏移距离"8.8"。
选择直线对象：                                            //拾取中心线。
指定向哪侧偏移：                                          //在中心线的左侧单击左键。
选择直线对象：                                            //拾取中心线。
指定向哪侧偏移：                                          //在中心线的右侧单击左键。
```

用上述方法，将"中心线"分别再向左、右偏移 45 个图形单位。使用"修剪"命令，整理图形，完成被连接件轮廓线的绘制，如图 12-24 所示。（为节省幅面，未显示边框与标题栏。）

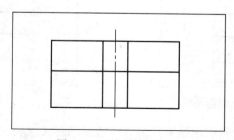

图 12-24　绘制被连接件

（10）选择"插入"|"块"命令（DDINSERT），或在"绘图"工具栏中单击"插入块"按钮，打开"插入"对话框，如图 12-25 所示。通过"浏览"，确定"螺栓块"保存的位置，给定旋转角度"-90"，单击"确定"按钮，将螺栓块插入到适当位置，如图 12-26 所示。

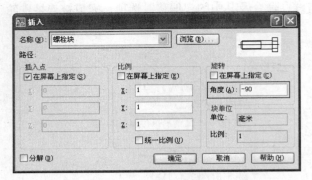

图 12-25 "插入"对话框

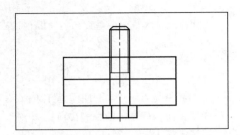

图 12-26 插入螺栓块

（11）同上打开"插入"对话框，给定"垫圈块"保存的位置，给定旋转角度"-90"。单击"确定"按钮，将垫圈块插入到适当位置，如图 12-27 所示。

（12）同上打开"插入"对话框，给定"螺母块"保存的位置，给定旋转角度"-90"。单击"确定"按钮，将螺母块插入到适当位置，如图 12-28 所示。

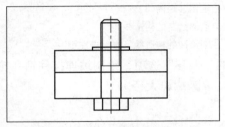

图 12-27 插入垫圈块

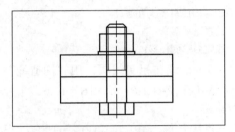

图 12-28 插入螺母块

（13）将剖面线层设为当前层，选择"绘图"|"图案填充"命令，或在"绘图"工具栏中单击"图案填充"按钮，打开"图案填充"对话框，完成剖面线的绘制，删除多余线条，如图 12-29 所示。

（14）将尺寸层设为当前层标注尺寸，如图 12-30 所示。

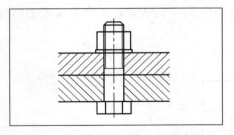

图 12-29 绘制剖面线、整理图线

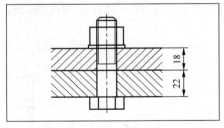

图 12-30 标注尺寸

（15）标注序号。可以先将引出线末端的直线或圆圈定义成块，接着定义块的属性，最后利用块进行序号标注，这样可提高绘图效率。

① 创建属性。单击"绘图"菜单中的"块"选项，选择"定义属性"命令，打开"属性定义"对话框（如图 12-31 所示），分别在"标记"、"提示"、"值"填写栏中输入"A"、"序号"、"1"。在"高度"栏中输入数值 5，再单击"拾取点"按钮，然后在屏幕的适当区域选取一点。

单击"确定"按钮，退出"属性定义"对话框。

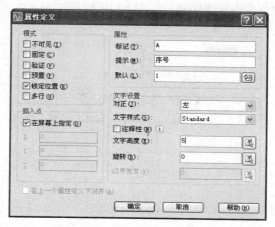

图 12-31　"属性定义"对话框

② 在属性 A 的下方绘制一条粗短实线。利用定义块命令，将其定义成块，块的名字为"序号"，基点为直线的右端点，如图 12-32 所示。

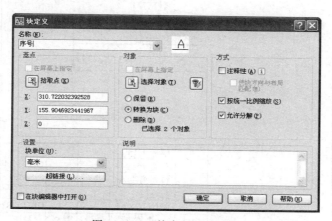

图 12-32　"块定义"对话框

③ 在命令行输入命令"QLEADER"打开"引线设置"对话框，"注释类型"定义为"块参照"，如图 12-33 所示。"箭头"定义为"小点"，如图 12-34 所示。

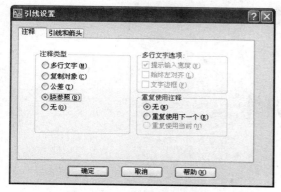

图 12-33　"引线设置"注释

图 12-34　"引线设置"引线和箭头

④ 打开"样式"对话框，选择"样式替代"，单击修改，在"符号与箭头"选项卡修改箭头的大小，重复执行此命令完成标注序号，如图 12-35 所示。

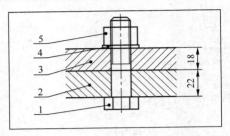

图 12-35　标注序号

（16）绘制并填写明细表。完成螺纹连接装配图绘制，如图 12-36 所示。

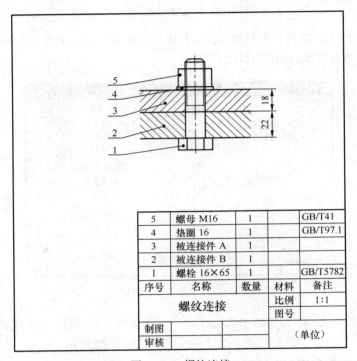

5	螺母 M16	1		GB/T41
4	垫圈 16	1		GB/T97.1
3	被连接件 A	1		
2	被连接件 B	1		
1	螺栓 16×65	1		GB/T5782
序号	名称	数量	材料	备注
螺纹连接			比例	1:1
			图号	
制图			（单位）	
审核				

图 12-36　螺纹连接

实例训练

【实训内容】

绘制图 12-37 所示 G1/2″阀的装配图。

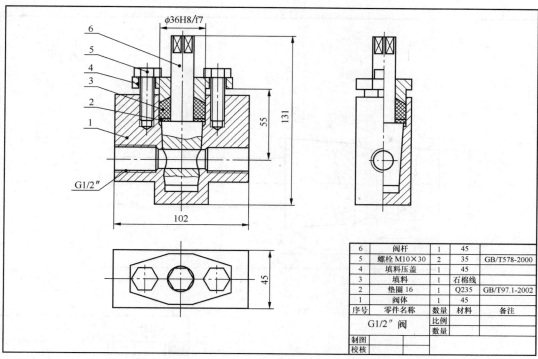

6	阀杆	1	45	
5	螺栓 M10×30	2	35	GB/T578-2000
4	填料压盖	1	45	
3	填料	1	石棉线	
2	垫圈 16	1	Q235	GB/T97.1-2002
1	阀体	1	45	
序号	零件名称	数量	材料	备注

G1/2″阀	比例	
	数量	
制图		
校核		

图 12-37　G1/2″阀

【实训要求】

1. 参照图 12-38、图 12-39 和图 12-40 绘制阀体、阀杆和填料压盖的零件图。

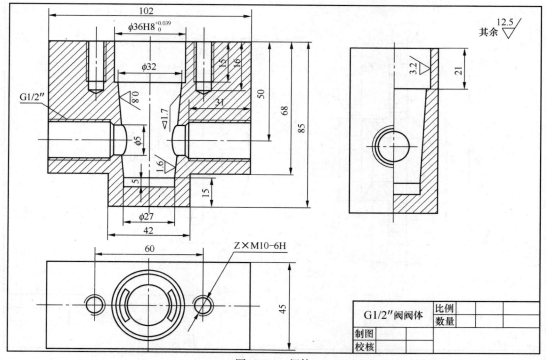

G1/2″阀阀体	比例	
	数量	
制图		
校核		

图 12-38　阀体

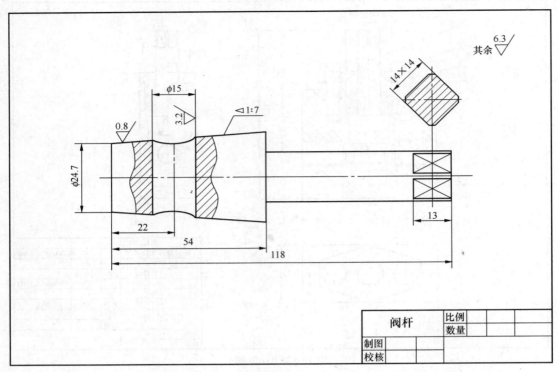

图 12-39　阀杆

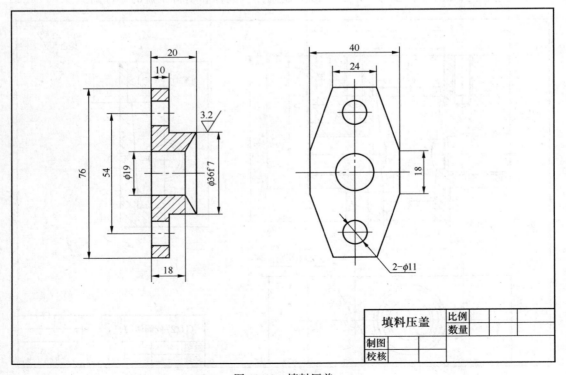

图 12-40　填料压盖

2. 利用零件图拼装装配图。

3. 以"实例训练 12.dwg"为文件名保存文件。

习 题

1. 装配图的尺寸一般包含哪几类？它是零件图尺寸的简单组合吗？

2. 两个零件接触时，在同一方向上只宜有几对接触面？

3. 装配图的特殊表达方法、规定画法有哪些？

4. 分析图 12-41 所示三角皮带传动机构装配图，指出其中的错误。

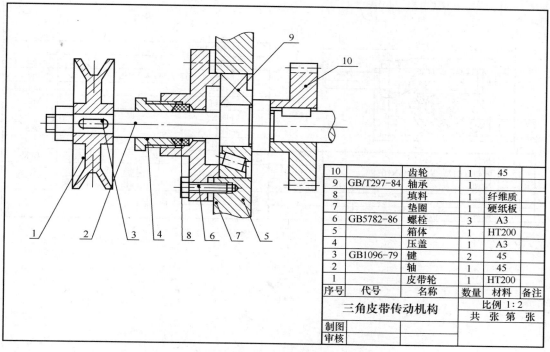

10		齿轮	1	45	
9	GB/T297-84	轴承	1		
8		填料	1	纤维质	
7		垫圈	1	硬纸板	
6	GB5782-86	螺栓	3	A3	
5		箱体	1	HT200	
4		压盖	1	A3	
3	GB1096-79	键	2	45	
2		轴	1	45	
1		皮带轮	1	HT200	
序号	代号	名称	数量	材料	备注
三角皮带传动机构			比例 1:2		
			共 张 第 张		
制图					
审核					

图 12-41　三角皮带传动机构

5. 看图 12-42 所示蝴蝶阀的装配图，回答下列问题。

（1）如何拆卸阀杆？

（2）螺钉 12 及齿杆 13 上的槽起什么作用？

（3）图中所标注的尺寸各属于哪一类？

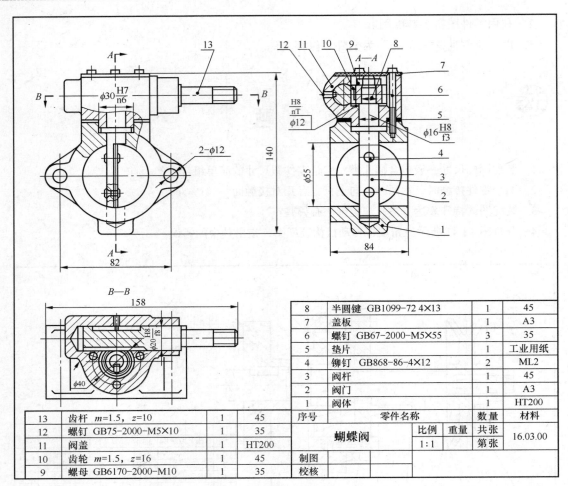

图 12-42 蝴蝶阀

8	半圆键 GB1099-72 4×13	1	45
7	盖板	1	A3
6	螺钉 GB67-2000-M5×55	3	35
5	垫片	1	工业用纸
4	铆钉 GB868-86-4×12	2	ML2
3	阀杆	1	45
2	阀门	1	A3
1	阀体	1	HT200

13	齿杆 $m=1.5$，$z=10$	1	45	序号	零件名称		数量	材料
12	螺钉 GB75-2000-M5×10	1	35		**蝴蝶阀**			
11	阀盖	1	HT200	比例	重量	共张	16.03.00	
10	齿轮 $m=1.5$，$z=16$	1	45	1:1		第张		
9	螺母 GB6170-2000-M10	1	35	制图				
				校核				

第13章

文件输出与打印

【学习目标】

1. 了解绘图时模型空间和图纸空间的概念
2. 掌握布局的设置方法
3. 掌握在图纸空间中输出图形的操作方法

13.1 图形的输出

　　AutoCAD 是一个功能强大的绘图软件，所绘制的图形被广泛地应用在许多领域。这就需要我们根据不同的用途以不同的方式输出图形。下面给大家介绍几个 AutoCAD 输出图形的技巧。

　　AutoCAD 可以将绘制好的图形输出为通用的图像文件，方法很简单，选择"文件"菜单中的"输出"命令，或直接在命令区输入"export"命令，系统将弹出"输出"对话框，在"保存类型"下拉列表中选择"*.bmp"格式，单击"保存"，用鼠标依次选中或框选出要输出的图形后回车，则被选图形便被输出为 bmp 格式的图像文件。这种输出方法虽然简单，但操作起来却要注意一定的技巧。

　　AutoCAD 在输出图像时，通常以屏幕显示为标准。输出图像的图幅与 AutoCAD 图形窗口的尺寸相等，图形窗口中的图形按屏幕显示尺寸输出，输出结果与图形的实际尺寸无关。另外，屏幕中未显示部分无法输出。因此，为了使输出图像能清晰显示，应在屏幕中将欲输出部分以尽量大的比例显示。

　　我们知道，AutoCAD 中图形显示比例较大时，圆和圆弧看起来由若干直线段组成，这虽然不影响打印结果，但在输出图像时，输出结果将与屏幕显示完全一致。因此，若发现有圆或圆弧显示为折线段时，应在输出图像前使用 viewres 命令，使圆和圆弧看起来尽量光滑逼真。

　　AutoCAD 中输出的图像文件，其分辨率为屏幕分辨率。如果该文件用于其他程序仅供屏幕显示，则此分辨率已经合适。若最终要打印出来，就要在图像处理软件（如 Photoshop）中将图像的分辨率提高，一般设置为 300dpi 即可。

输出图像的颜色通常也是与屏幕显示完全相同，即 AutoCAD 操作界面中的黑底白字效果，这可能与我们所需要的实际效果不同。这时，我们可以使用"工具"菜单下的"选项"命令，在弹出的"选项"对话框中，选择"显示"选项卡，单击"颜色"按钮，在弹出的"颜色选项"窗口中，直接单击"颜色"中的白色或其他颜色后按两次回车，窗口背景颜色即发生变化，输出图像的颜色与实际绘图颜色完全一致。

13.2

模型空间和图纸空间

13.2.1 模型空间

模型空间是用户完成绘图和设计工作的工作空间，创建和编辑图形的大部分工作都在"模型"选项卡中完成。打开"模型"选项卡后，则一直在模型空间中工作。利用在模型空间中建立的模型可以完成二维或三维物体的造型，也可以根据用户需求用多个二维或三维视图来表示物体，同时配齐必要的尺寸标注和注释等以完成所需要的全部绘图工作。

在"模型"选项卡中，可以查看并编辑模型空间对象。十字光标在整个图形区域都处于激活状态。

13.2.2 图纸空间

如果要设置图形以便于打印，可以使用"布局"选项卡。每个"布局"选项卡都提供一个图纸空间，在这种绘图环境中，可以创建视口并指定诸如图纸尺寸、图形方向以及位置之类的页面设置，并与布局一起保存。为布局指定页面设置时，可以保存并命名页面设置。保存的页面设置可以应用到其他布局中。也可以根据现有的布局样板（DWT 或 DWG）文件创建新的布局。在"布局"选项卡上，可以查看并编辑图纸空间对象。

13.3

从布局打印

13.3.1 创建打印布局

在 AutoCAD 中，可以创建多种布局，创建新布局后，就可以在布局中创建浮动视口。视口中的各个视图可以使用不同的打印比例，并能够控制视口中图层的可见性。

下面介绍使用布局向导创建布局的方法及步骤。

（1）选择"工具"｜"向导"｜"创建布局"选项，打开"创建布局-开始"对话框，将布局取名为"布局3"，如图13-1所示。

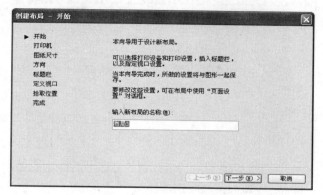

图 13-1　"创建布局-开始"对话框

（2）单击"下一步"按钮，在打开的"创建布局-打印机"对话框中，为布局选择配置的打印机，如图13-2所示。

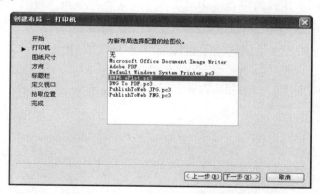

图 13-2　"创建布局-打印机"对话框

（3）单击"下一步"按钮，在打开的"创建布局-图纸尺寸"对话框中，选择布局使用的图纸尺寸和图形单位。图纸尺寸要和打印机能输出的图形尺寸相匹配。图形单位可以是毫米、英寸或像素，如图13-3所示。

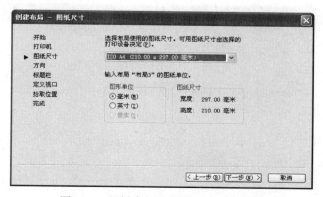

图 13-3　"创建布局-图纸尺寸"对话框

（4）单击"下一步"按钮，在打开的"创建布局-方向"对话框中，选择图形在图纸上的打印方向，可以选择"纵向"或"横向"，如图 13-4 所示。

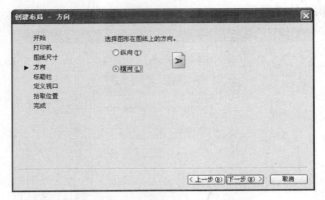

图 13-4　"创建布局-方向"对话框

（5）单击"下一步"按钮，在打开的"创建布局-标题栏"对话框中，选择图纸的边框和标题栏的样式。对话框右边的预览框中给出了所选样式的预览图像。在"类型"选项组中，可以指定所选择的标题栏图形文件是作为块还是作为外部参照插入到当前图形中，如图 13-5 所示。

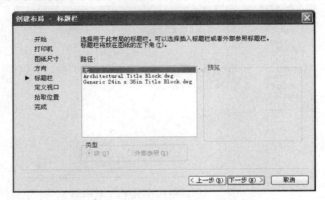

图 13-5　"创建布局-标题栏"对话框

（6）单击"下一步"按钮，在打开的"创建布局-定义视口"对话框中指定新创建的布局的默认视口的设置和比例等，如图 13-6 所示。

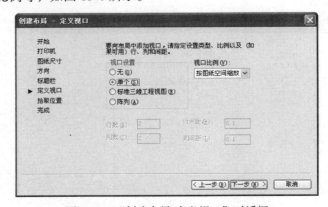

图 13-6　"创建布局-定义视口"对话框

（7）单击"下一步"按钮，在打开的"创建布局-拾取位置"对话框中，单击"选择位置"按钮，切换到绘图窗口，并指定视口的大小和位置，如图13-7所示。

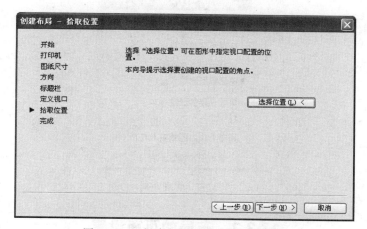

图 13-7 "创建布局-拾取位置"对话框

（8）单击"下一步"按钮，在打开的"创建布局-完成"对话框中，单击"完成"按钮，完成新布局及默认的视口创建，如图13-8所示。

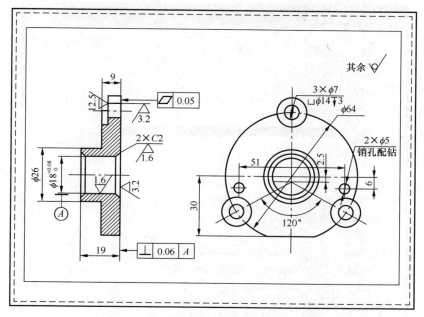

图 13-8 新布局

13.3.2 管理布局

右击"布局"标签，使用弹出的快捷菜单中的命令，可以删除、新建、重命名、移动或复制布局，如图13-9所示。

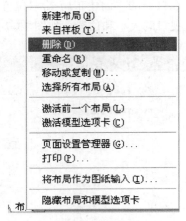

图 13-9　管理布局

13.3.3　布局的页面设置

　　选择"文件"|"页面设置管理器"命令，或者右击"布局"标签，打开"页面设置管理器"对话框，如图 13-10 所示。

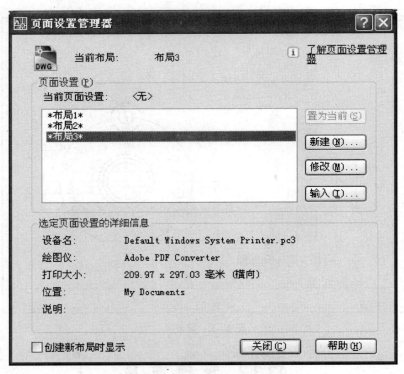

图 13-10　"页面设置管理器"对话框

　　单击"新建"按钮，可以在其中创建新的布局。单击"修改"按钮，打开"页面设置"对话框，如图 13-11 所示，可以在其中修改页面设置。

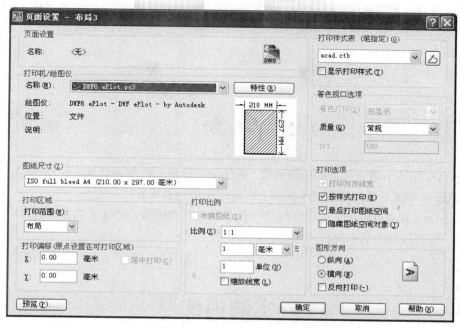

图 13-11　"页面设置"对话框

13.3.4　从布局打印输出

在 AutoCAD 中，可以使用"打印"对话框打印图形。当在绘图窗口中选择一个布局选项卡后，选择"文件"|"打印"选项，打开"打印"对话框，如图 13-12 所示。

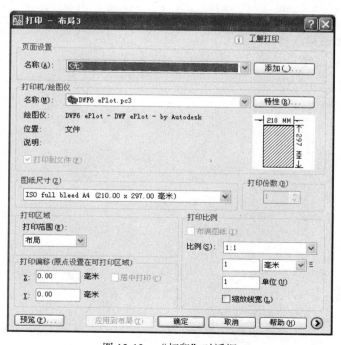

图 13-12　"打印"对话框

可以在此对话框中修改相关设置，设置完成之后，单击"确定"按钮，AutoCAD 将开始输出图形，并动态显示绘图进度。如果图形输出时出现错误，或因其他原因要中断绘图，可以按 Esc 键中断打印输出。

小 结

AutoCAD 是一个功能强大的绘图软件，所绘制的图形在许多领域被广泛地应用。本章介绍了 AutoCAD 中根据不同的用途以不同的方式输出图形的基本方法。

本章还介绍了 AutoCAD 中的模型空间和图纸空间的概念，讲述了如何在图形空间中创建打印布局、管理布局和从布局打印输出的方法。

实例训练

【实训内容】

"实例训练 11.dwg"阀盖零件图输出与打印。

【实训要求】

（1）使用第 11 章实例训练所绘图形"实例训练 11.dwg"。

（2）使用 A4 图纸横向打印。

（3）注意隐藏视口线。

普通螺纹直径与螺距（GB/T 193—2003）

公称直径 D、d			螺距 P		公称直径 D、d			螺距 P	
第一系列	第二系列	第三系列	粗牙	细牙	第一系列	第二系列	第三系列	粗牙	细牙
2			0.4	0.25	16			2	1.5、1
	2.2		0.45				17		1.5、1
2.5				0.35		18		2.5	2、1.5、1
3			0.5		20				
	3.5		0.6			22			
4			0.7	0.5	24			3	
	4.5		0.75				25		
5			0.8				26		1.5
		5.5				27		3	2、1.5、1
6			1	0.75			28		
	7		1		30			3.5	2、1.5、1
8			1.25	1、0.75			32		
		9	1.25			33		3.5	(3)、2、1.5
10			1.5	1.25、1、0.75			35		1.5
	11		1.5	1.5、1、0.75	36			4	3、2、1.5
12			1.75	1.5、1.25、1			38		1.5
	14		2			39		4	3、2、1.5
		15		1.5、1			40		

六角头螺栓

六角头螺栓—A 和 B（GB/T 5782—2000）、六角头螺栓-全螺纹—A 和 B（GB/T 5783—2000）

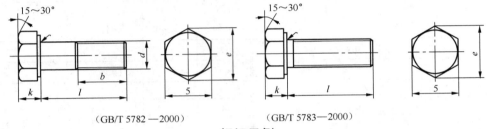

（GB/T 5782 —2000）　　　　（GB/T 5783—2000）

标记示例

螺栓 GB/T 5782—2000 M12×80，表示螺纹规格 d = M12，公称长度 l = 80mm，性能等级为 8.8，表面氧化，产品等级为 A 级的六角头螺栓。

（mm）

螺纹规格	d		M4	M5	M6	M8	M10	M12	M16	M20	M24	M30	M36	M42	M48
b 参考	$l\leq125$		14	16	18	22	26	30	38	46	54	66	—	—	—
	$125\leq l\leq200$		20	22	24	28	32	36	44	52	60	72	84	96	108
	$l>200$		33	35	37	41	45	49	57	65	73	85	97	109	121
k			2.8	3.5	4	5.3	6.4	7.5	10	12.5	15	18.7	22.5	26	30
d_{max}			4	5	6	8	10	12	16	20	24	30	36	42	48
s_{max}			7	8	10	13	16	18	24	30	36	46	55	65	75
e_{min}	产品等级	A	7.66	8.79	11.05	14.38	17.77	20.03	26.75	33.53	39.98	—	—	—	—
		B	—	8.63	10.89	14.2	17.59	19.85	26.17	33.95	39.55	50.85	60.79	72.02	82.6
l 范围	GB/T 5782		25~40	25~50	30~60	40~80	45~100	50~120	65~160	80~200	90~240	110~300	140~360	160~440	180~480
	GB/T 5783		8~40	10~50	12~60	16~80	20~100	25~120	30~200	40~200	50~200	60~200	70~200	80~200	100~200
l 系列	GB/T 5782		20~65（54 进位）、70~160（10 进位）、180~400（20 进位）；小于最小值时，全长制螺纹												
	GB/T 5783		8、10、12、16、18、20~65（5 进位）、70~160（10 进位）、180~500（20 进位）												

（GB/T 897—1988、GB/T 898—1988、GB/T 899—1988、GB/T 900—1988）

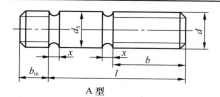
A 型

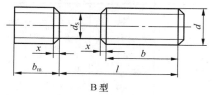
B 型

标记示例

两端均为粗牙普通螺纹，$d=10\text{mm}$，$l=50\text{mm}$，性能等级为 4.8 级，不经表面处理，B 型，$b_m=1.25d$ 的双头螺柱表示为：

螺柱 GB/T 898—1988 M10×50。

旋入机体一端为粗牙普通螺纹，旋螺母一端为螺距 $P=1\text{mm}$ 的细牙普通螺纹，$d=10\text{mm}$，$l=5\text{mm}$，性能等级为 4.8 级，不经表面处理，A 型，$b_m=1.25d$ 的双头螺柱表示为：

螺柱 GB/T 898—1988 AM10—M10×1×50。

（mm）

螺纹规格	b_m				l/b
	GB/T 897—1988 $b_m=1d$	GB/T 898—1988 $b_m=1.25d$	GB/T 899—1988 $b_m=1.5d$	GB/T 900—1988 $b_m=2d$	
M5	5	6	8	10	16～22/10、25～50/16
M6	6	8	10	12	20～22/10、25～30/14、32～75/18
M8	8	10	12	16	20～22/12、25～30/16、32～90/22
M10	10	12	15	20	25～28/14、30～38/16、40～120/26、130/32
M12	12	15	18	24	25～30/16、32～40/20、45～120/30、130～180/36
(M14)	14	18	21	28	30～35/18、38～50/25、55～120/34、130～180/40
M16	16	20	24	32	30～35/18、40～55/30、60～120/38、130～200/44
(M18)	18	22	27	36	35～40/22、45～60/35、65～120/42、130～200/48

续表

螺纹规格	b_m				l/b
	GB/T 897 —1988 $b_m=1d$	GB/T 898 —1988 $b_m=1.25d$	GB/T 899 —1988 $b_m=1.5d$	GB/T 900 —1988 $b_m=2d$	
M20	20	25	30	40	35~40/25、45~65/35、70~120/46、130~200/52
(M22)	22	28	33	44	40~55/30、50~70/40、75~120/50、130~200/56
M24	24	30	36	48	45~50/30、55~75/45、80~120/54、130~200/60
(M27)	27	35	40	54	50~60/35、65~85/50、90~120/60、130~200/66
M30	30	38	45	60	60~65/40、70~90/50、95~120/66、130~220/72
(M33)	33	41	49	66	65~70/45、75~95/60、100~120/72、130~200/78
M36	36	45	54	72	65~75/45、80~110/60、130~200/84、210~300/97
(M39)	39	49	58	78	70~80/50、85~120/65、120/90、210~300/103
M42	42	52	64	84	70~80/50、85~120/70、130~200/96、210~300/109
M48	48	60	72	96	80~90/60、95~110/80、130~200/108、210~300/121
l（系列）	16、(18)、20、(22)、25、(28)、30、(32)、35、(38)、40、45、50、(55)、60、(65)、70、(75)、80、(85)、90、(95)、100、110、120、130、140、150、160、170、180、190、200、210、220、230、240、250、260、270、280、290、300				

六角螺母—C 级（GB/T41—2000）、I 型六角螺母—A 级和 B 级（GB/T6170—2000）

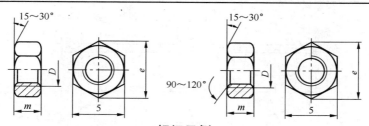

标记示例

螺纹规格 D =M12，性能等级为 10 级，不经表面处理，产品等级为 A 级的 I 型六角螺母表示为：

螺母 GB/T6170—2000 M12。

螺纹规格 D =M12，性能等级为 5 级，不经表面处理，产品等级为 C 级的六角螺母表示为：

螺母 GB/T41—2000 M12。

（mm）

螺纹规格 D		M4	M5	M6	M8	M10	M12	M16	M20	M24	M30	M36	M42	M48
s_{max}		7	8	10	13	16	18	24	30	36	46	55	65	75
e_{min}	A、B 级	7.66	8.79	11.05	14.38	17.77	20.03	26.75	32.95	39.55	50.85	60.79	71.3	82.6
	C 级	—	8.63	10.89	14.2	17.59	19.85	26.17	32.95	39.55	50.85	60.79	71.3	82.6
m_{max}	A、B 级	3.2	4.7	5.2	6.8	8.4	10.8	14.8	18	21.5	25.6	31	34	38
	C 级	—	5.6	6.4	7.9	9.5	12.2	15.9	19	22.3	26.4	31.9	34.9	38.9

平垫圈—A级（GB/T97.1—2002）、平垫圈倒角型—A级（GB/T97.2—2002）

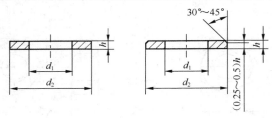

标记示例

标准系列，规格 8mm，性能等级为 140HV 级，不经表面处理的平垫圈表示为：

垫圈 GB/T97.1—2002 8 140HV。

（mm）

公称尺寸（螺纹规格）d	3	4	5	6	8	10	12	14	16	20	24	30	36
内径 d_1	3.2	3.3	5.3	6.4	8.4	10.5	13	15	17	21	25	31	37
外径 d_2	7	9	10	12	16	20	24	28	30	37	44	56	66
厚度 h	0.5	0.8	1	1.6	1.6	2	2.5	2.5	3	3	4	4	5

开槽圆柱头螺钉（GB/T 65—2000）、开槽盘头螺钉（GB/T 67—2000）、开槽沉头螺钉（GB/T 68—2000）

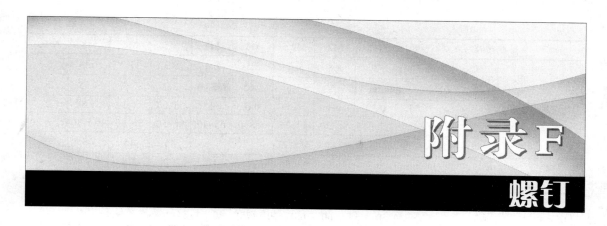

（GB/T 65—2000）　　　　　（GB/T 67—2000）

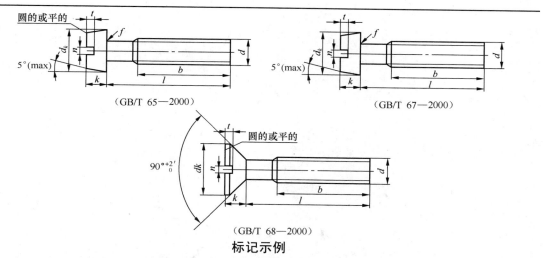

（GB/T 68—2000）

标记示例

螺纹规格 d=M5，公称长度 l=20mm，性能等级为 4.8 级，不经表面处理的 A 级开槽圆柱头螺钉表示为：

螺钉 GB/T 65 M5×20。

（mm）

螺纹规格 d		M1.6	M2	M2.5	M3	M4	M5	M6	M8	M10
GB/T 65—2000	$d_{k\max}$（公称）	3	3.8	4.5	5.5	7	8.5	10	13	16
	$k_{\max}$（公称）	1.1	1.4	1.8	2	2.6	3.3	3.9	5	6
	$t_{\min}$	0.45	0.6	0.7	0.85	1.1	1.3	1.6	2	2.4
	l	2～16	3～20	3～25	4～35	5～40	6～50	8～60	10～80	12～80
	全螺纹时最大长度	全螺纹					40	40	40	40
GB/T 67—2000	$d_{k\max}$（公称）	3.2	4	5	5.6	8	9.5	12	16	20
	$k_{\max}$（公称）	1	1.3	1.5	1.8	2.4	3	3.6	4.8	6
	$t_{\min}$	0.35	0.5	0.6	0.7	1	1.2	1.4	1.9	2.4
	l	2～16	2.5～20	3～25	4～30	5～40	6～50	8～60	10～80	12～80
	全螺纹时最大长度	全螺纹					40	40	40	40

续表

螺纹规格 d		M1.6	M2	M2.5	M3	M4	M5	M6	M8	M10
GB/T 68—2000	$d_{k\max}$（公称）	3	3.8	4.7	5.5	8.4	9.3	11.3	15.8	18.3
	$k_{\max}$（公称）	1	1.2	1.5	1.65	2.7	2.7	3.3	4.65	5
	$t_{\min}$	0.32	0.4	0.5	0.6	1	1.1	1.2	1.8	2
	l	2.5～16	3～20	4～25	5～30	6～40	8～50	8～60	10～80	12～80
	全螺纹时最大长度	全螺纹					45	45	45	45
n		0.4	0.5	0.6	0.8	1.2	1.2	1.6	2	2.5
b		25				38				
l 系列		2、2.5、3、4、5、6、8、10、12、(14)、16、20、25、30、40、45、50、(55)、60、(65)、70、(75)、80								

普通平键及键槽的尺寸（GB/T 1095～1096—2003）

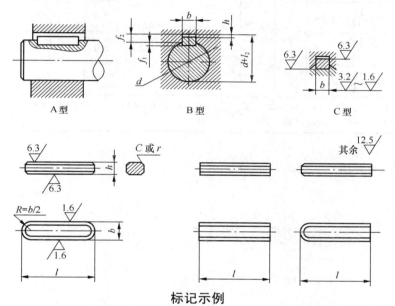

A 型　　　　B 型　　　　C 型

标记示例

平头普通平键（B 型）b =16mm，h =100mm，l =100mm 表示为：

GB/T 1096—2003 键 B16×10×100。

（mm）

轴颈 d	键 的 尺 寸			键 槽									
				宽度 b				深　　度				半径 r	
				基本尺寸	极 限 偏 差				轴		毂			
					松连接		正常连接		紧密连接					
	b	h	l		轴 H9	毂 D10	轴 N9	毂 JS9	轴和毂 P9	t_1	极限偏差	t_2	极限偏差	最小	最大
6～8	2	2	6～20	2	+0.025 0	+0.060 +0.020	−0.004 −0.029	±0.012 5	−0.006 −0.031	1.2	+0.10 0	1	+0.10 0	0.08	0.16
>8～10	3	3	6～36	3						1.8		1.4			
>10～12	4	4	8～45	4	+0.030 0	+0.078 +0.030	0 −0.030	±0.015	−0.012 −0.042	2.5		1.8		0.16	0.25
>12～17	5	5	10～56	5						3.0		2.3			
>17～22	6	6	14～70	6						3.5		2.8			

续表

轴颈 d	键的尺寸			键 槽										
				宽度 b					深 度				半径 r	
				基本尺寸	极 限 偏 差				轴		毂			
					松连接		正常连接		紧密连接					
	b	h	l		轴 H9	毂 D10	轴 N9	毂 JS9	轴和毂 P9	t_1	极限偏差	t_2	极限偏差	最小	最大
>22～30	8	7	18～90	8	+0.036 0	+0.098 +0.040	0 -0.036	±0.018	-0.015 -0.051	4.0	+0.2 0		+0.2 0	0.25	0.40
>30～38	10	8	22～110	10						5.0		3.3			
>38～44	12	8	28～140	12						5.0		3.3			
>44～50	14	9	36～160	14	+0.043 0	+0.120 +0.050	0 -0.043	±0.0215	-0.018 -0.061	5.5		3.8			
>50～58	16	10	45～180	16						6.0		4.3			
>58～65	18	11	50～200	18						7.0		4.4			
l 系列	6、8、10、12、14、18、20、22、25、28、32、36、40、45、50、56、63、70、80、90、100、110、125、140、160、180、200														

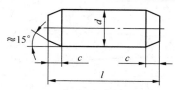

标记示例

公称直径 $d = 10$mm，公差为 m6，公称长度 $l = 60$mm，材料为钢，不经淬火，不经表面处理的圆柱销表示为：

销 GB/T 119.1—2000 10m6×60。

（mm）

d(公称)	2.5	3	4	5	6	8	10	12	16	20	25	30
$c\approx$	0.40	0.50	0.63	0.80	1.20	1.60	2.00	2.50	3.00	3.50	4.00	5.00
l	6～24	8～30	8～40	10～50	12～60	14～80	18～95	22～140	26～180	35～200	50～200	60～200
l系列	2、3、4、5、6、8、10、12、14、16、18、20、22、24、26、28、30、32、35、40、45、50、55、60、65、70、75、80、85、90、95、100、120、140、160、180、200											

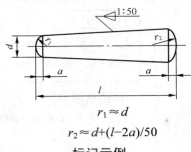

$$r_1 \approx d$$
$$r_2 \approx d+(l-2a)/50$$

标记示例

公称直径 d = 100mm，长度 l = 60mm，材料 35 钢，热处理硬度 HRC28～38，表面氧化处理的 A 型圆锥销表示为：销 GB/T 117—2000 A10×60。

（mm）

d（公称）	2.5	3	4	5	6	8	10	12	16	20	25	30
$a\approx$	0.3	0.4	0.5	0.63	0.8	1	1.2	1.6	2	2.5	3	4
l（商品规格范围公称长度）	10～35	12～45	14～45	18～60	22～90	22～120	26～160	32～180	40～200	45～200	45～200	55～200
l系列	2、3、4、5、6、8、10、12、14、16、18、20、22、24、26、28、30、32、35、40、45、50、55、60、65、70、75、80、85、90、95、100、120、140、160、180、200											

标准公差数值（GB/T 1800.3—1998）

基本尺寸（mm）		标准公差等级																	
大于	至	IT1	IT2	IT3	IT4	IT5	IT6	IT7	IT8	IT9	IT10	IT11	IT12	IT13	IT14	IT15	IT16	IT17	IT18
		μm											mm						
—	3	0.8	1.2	2	3	4	6	10	14	25	40	60	0.1	0.14	0.25	0.4	0.6	1	1.4
3	6	1	1.5	2.5	4	5	8	12	18	30	48	75	0.12	0.18	0.3	0.48	0.75	1.2	1.8
6	10	1	1.5	2.5	4	6	9	15	22	36	58	90	0.15	0.22	0.36	0.58	0.9	1.5	2.2
10	18	1.2	2	3	5	8	11	18	27	43	70	110	0.18	0.27	0.43	0.7	1.1	1.8	2.7
18	30	1.5	2.5	4	6	9	13	21	33	52	84	130	0.21	0.33	0.52	0.84	1.3	2.1	3.3
30	50	1.5	2.5	4	7	11	16	25	39	62	100	160	0.25	0.39	0.62	1	1.6	2.5	3.9
50	80	2	3	5	8	13	19	30	46	74	120	190	0.3	0.46	0.74	1.2	1.9	3	4.6
80	120	2.5	4	6	10	15	22	35	54	87	140	220	0.35	0.54	0.87	1.4	2.2	3.5	5.4
120	180	3.5	5	8	12	18	25	40	63	100	160	250	0.4	0.63	1	1.6	2.5	4	6.3
180	250	4.5	7	10	14	20	29	46	72	115	185	290	0.46	0.72	1.15	1.85	2.9	4.6	7.2
250	315	6	8	12	16	23	32	52	81	130	210	620	0.52	0.81	1.3	2.1	3.2	5.2	8.1
315	400	7	9	13	18	25	36	57	89	140	230	360	0.57	0.89	1.4	2.3	3.6	5.7	8.9
400	500	8	10	15	20	27	40	63	97	155	250	400	0.63	0.97	1.55	2.5	4	6.3	9.7
500	630	9	11	16	22	32	44	70	110	175	280	440	0.7	1.1	1.75	2.8	4.4	7	11
630	800	10	13	18	25	36	50	80	125	200	320	500	0.8	1.25	2	3.2	5	8	12.5
800	1 000	11	15	21	28	40	56	90	140	230	360	560	0.9	1.4	2.3	3.6	5.6	9	14
1 000	1 250	13	18	24	33	47	66	105	165	260	420	660	1.05	1.65	2.6	4.2	6.6	10.5	16.5
1 250	1 600	15	21	29	39	55	78	125	195	310	500	780	1.25	1.95	3.1	5	7.8	12.5	19.5
1 600	2 000	18	25	35	46	65	92	150	230	370	600	920	1.5	2.3	3.7	6	9.2	15	23
2 000	2 500	22	30	41	55	78	110	175	280	440	700	1 100	1.75	2.8	4.4	7	11	17.5	28
2 500	3 150	26	36	50	68	96	135	210	330	540	860	1 350	2.1	3.3	5.4	8.6	13.5	21	33

参考文献

［1］何铭新，钱可强. 机械制图. 北京：高等教育出版社，2003.

［2］宋巧莲. 机械制图与计算机绘图. 北京：机械工业出版社，2007.

［3］徐文胜，俞梅，吴勤. 计算机机械制图. 北京：化学工业出版社，2008.

［4］孙力红. 计算机辅助工程制图. 北京：清华大学出版社，2005.

［5］江洪，孙青云，孙志武. AutoCAD 2008 工程制图. 北京：机械工业出版社，2008.

［6］张绍忠. AutoCAD 上机指导与实训. 北京：机械工业出版社，2006.

［7］张俊宾. AutoCAD 2008 中文版机械制图实例教程. 北京：人民邮电出版社，2008.

［8］李丽. 现代工程制图. 北京：高等教育出版社，2005.